KB098401

공부하는 이유

과학

공부하는 이유: **과학**

초판 1쇄 발행 • 2021년 9월 10일

지은이 • 곽재식
펴낸이 • 강일우
책임편집 • 김선아
조판 • 황숙화
펴낸곳 • (주)창비
등록 • 1986년 8월 5일 제85호
주소 • 10881 경기도 파주시 회동길 184
전화 • 031-955-3333
팩시밀리 • 영업 031-955-3399 편집 031-955-3400
홈페이지 • www.changbi.com
전자우편 • ya@changbi.com

ISBN 978-89-364-5953-6 44400
ISBN 978-89-364-5951-2 44080(세트)

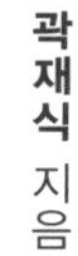

공부하는 이유

과학

들어가며

이 책을 쓴 이유는 세상 사람들에게 과학과 기술의 진정한 의미와 그 심오한 즐거움을 깨우쳐 주기 위해서다 — 라고 자신 있게 말할 수 있으면 얼마나 좋겠는가? 나는 그만한 경지가 될 만큼 과학을 많이 공부한 사람도 못 되고, 과학에 대해서 그렇게까지 귀중하다고 생각하는 이야기를 알지도 못한다.

사실 이 책을 쓴 가장 큰 이유는 그다지 두껍지 않은 분량으로 과학에 대해 가볍게 이야기하는 책을 써 주면 좋겠다고 출판사에서 제안했기 때문이다. 마침 나는 월급이 나오는 직장을 구하지 못해 힘겹던 차였기에, 그 정도 제안이라면 받아들여야만 하는 처지였다. 먹고살아야 과학을 하든, 과학의 즐거움을 찾든, 공부를 하든 뭐든 할 수 있지 않겠는가?

별달리 멋지게 치장해서 설명할 이야깃거리는 애초부터 갖고 있지 못했기에, 이 책에는 과학을 공부하면 무엇이 좋은지를 그야말로 생각나는 대로 정직하게 담았다. 한편으로 이 책은 과학을 연구하면 어떤 점이 재미있는지에 대해 말하고자 노력한 책이기도 하다. 무엇인가가 재미있다면, 그 재미있다는 점도 그것의 좋은 점이 될 것이므로. 그런 정도의 목표로 지금까지 과학 기술 분야에서 일하고, 여러 영역에 걸친 과학 지식을 익히면서 느낀 점들 중에 읽을거리가 되겠다 싶을 만한 이야기를 써서 엮어 놓아 보았다.

만약 과학의 의미와 재미를 분석해서 총 5가지로 구분할 수 있다고 치고 5가지마다 각각 배우는 재미, 연구하는 재미, 활용하는 재미로 구분하여 3가지씩 글을 써서 총 15장짜리 책을 쓴다는 식이었다면 이 주제를 굉장히 체계적으로 다룰 수 있을지도 모르겠다. 그렇지만 이 책은 그렇게 쓴 책은 아니다. 그저 내가 괜찮은 이야기라고 생각하는 것부터 하나하나 틈날 때마다 써서, 이 정도면 독자님께도 들려드릴 만하다 싶은 글을 모아 놓은 정도다. 나는 심지어 원고를 다 쓴 이 순간까지도 글들을 어떻게 배열해서 책의 목차를 구성하는 것이 좋을지 결정하지 못했다. 최대한 읽기 좋도록 구성해 보자는 정도로 목표를 세웠을 뿐이다.

이 책을 쓰면서 굳이 억지로 엉뚱한 생각이나 특이한 생각을 과시하려고 애쓰지는 않았다. 내가 잘 이해하지도 못하는, 과학의 의미에 대한 어려운 주장을 장황하게 설명하려고 하지도 않았다. 그저 과학의 여러 분야가 사회와 삶의 여러 측면에 어떻게 연결되어 있는지를 내가 느끼는 대로 설명하고, 그 연결된 모양에서 재미있는 부분, 보람찬 부분이 무엇인지 보여 줄 수 있다면 족하다는 생각으로 글을 써 나갔다.

바쁜 세상 잠깐 짬을 내어 쉬어 갈 때, 혹은 한가롭게 책장이나 넘기며 시간을 보내면 좋겠다 싶을 때, 그럴 때 읽어도 좋은 책이 되면 좋겠다. 그리고 이 책을 통해 독자님께서 새로운 생각을 얻고, 서로 다른 생각을 나누고, 한편으로는 골치 아픈 생각을 멈추고 쉬기도 하면 좋겠다. 그런 정도를 해낼 수 있다면, 출판사의 제안에 부끄럽지 않은 책을 썼다고 당당하게 말할 수 있을 것 같다. 부디, 즐거운 독서 되시기를 바란다.

2021년, 여의도에서

곽재식

차 례

초능력을 발견할지도 모른다

1

내 고등학교 때 선생님 한 분은 자신은 이상한 징조를 곧잘 느낀다면서 이런 이야기를 해 주셨다.

비가 올 것 같은데 막상 비는 내리지 않고, 하늘에 짙은 구름만 잔뜩 낀 날씨. 해가 뜨고 낮이 되었는데도 평소보다 하루가 늦게 시작된 것처럼 어두운 날. 그런 날이면 선생님은 어쩐지 이상하고 불길한 기분이 들 때가 있다고 했다. 그런데 그럴 때면 이상하게 누군가 세상을 떠났고 장례식이 열린다는 소식을 듣게 된다고 했다.

수업 시간에 꺼내기에 나쁘지 않은 이야기였던 것 같기는 하다. 학교 안이 평소보다 좀 더 어두침침해서 집중도 잘되지 않고, 창밖으로는 계속 비가 내릴 듯 말 듯해서 어쩐지 마음도 다른 때보다 신경 쓸 것이 많아지는 느낌이라면, 이런 이야기로 학생들의 관심을 끄는 것도 효과가 괜찮을 것 같다. 미래를 내다보는 듯한 느낌, 멀리서 벌어진 소식을 텔레파시, 천리안 능력으로 알아내는 듯한 신비로움, 사람이 목숨을 잃고 저승으로 떠나는데 그 으슥한 기운이 먼 곳까지 느껴진다는 오싹함, 그런 것을 담고 있는 이야기이기에 잠깐 학생들의 정신을 집중시키기도 괜찮다. 아마 그래서 괜히 그런 이야기를 몇 번 꺼내셨던 것 같다.

그러나, 정말 그럴 수 있는가?

하늘에 구름이 짙게 끼는 것은 기압과 바람, 습도와 온도의 영향으로 그 지역 공기의 움직임이 어떻게 되느냐에 따라 일어나는 일이다. 한국이나 중국 같은 곳의 대도시를 뒤덮은 구름이라면, 그 구름이 영향을 미치고 있는 사람의 수는 10만 명, 100만 명이 넘는 경우가 허다하다. 확실히 맞을지 안 맞을지도 모르는 기운 같은 것을 고작 한 사람에게 전해 주기 위해, 그 많은 시민의 생활이 달린 날씨가 바뀐다는 것은 그냥 생각해 봐도 뭔가 괴상하다. 그게 아니라면

이상한 징조를 느끼는 사람이 날씨와 밀접하게 관련된 어마어마한 힘을 가졌다는 뜻인데, 그것도 너무 과감한 생각 같다.

그 선생님 정도는 아니라고 할지라도 비슷한 식으로, 이상한 징조를 자신이 감지한다고 느끼거나, 무슨 꿈을 꾸면 꼭 그 꿈이 맞는다고 생각하는 사람은 굉장히 많다. 예를 들어 누가 꿈에 나오면, 꼭 그 사람이 병들거나 다치는 일이 일어난다든가, 길 가다가 어느 검은 고양이가 자기 앞을 지나가게 되면 그날은 나쁜 일이 생긴다거나 하는 부류의 생각을 품고 있는 것이다. **나조차도 어린 시절에는 어쩐지 숫자 4가 들어가는 일과 관계가 된다면 불길한 일이 생길 것 같다는 느낌을 품은 적이 있었다.**

자기 꿈은 정말 기막히게 잘 맞는다고 믿는 경우도 있다. 이런 마음을 품고 있는 사람들은 전 세계에 많이 퍼져 있다. 자신은 꿈을 통해 미래를 알아낼 수 있다고 믿는 경우도 있다.

일단 그 자신감이라고 할까, 그 자신에 대한 사랑은 존중할만하다고 생각한다. 보통 내가 세상에서 가장 똑똑한 사람이라거나, 내가 가장 멋있는 사람이라거나, 내가 축구나 농구를 가장 잘하는 사람이라고 굳게 믿는 사람은 정말 드물지 않나? 세계적인 축구 선수나 농구 선수라고 하더라도, 내가 세계 최고로 축구나 농구를 잘한다고는 쉽게 생각하지 못할 것이다. 그런데

세상 누구도 꿈으로 미래를 보는 것이 가능하다고 증명해 내지 못했는데, 자신은 꿈으로 미래를 내다볼 수 있다고 생각하는 사람이 있다면, 일단 놀랍기는 하다.

그런데 그런 사람들은 전 세계에 꽤 많았다. 심지어 냉전 시기, 미국에서는 이런 초능력을 이용한 특수 작전을 연구하기도 했다. 유명한 사례로는 스타게이트(Stargate)라는 사업이 있다. 이 사업은 미국 정부 당국에서 초능력자라고 불리는 사람들을 모아서, 그 초능력을 이용해서 군사적인 목적을 달성하는 방편을 찾는 계획이었던 것 같다. 이런 일에 국가 예산을 사용하다니, 언뜻 들으면 황당하지만, 자본주의 국가들과 공산주의 국가들이 편을 나누어 온 힘을 다해 전쟁을 벌이는 상황을 대비하던 냉전 시기에는 작은 가능성에도 편집증적으로 대응할 수밖에 없었다.

말하자면 이런 식이다. 소문을 듣자니, 공산주의 국가인 소련에서는 초능력자들을 모아 놓은 부대를 운영하는 것 같다. 그들은 꿈을 통해 미래를 예언하는 사람들을 이용해서, 우리가 언제, 어느 방향으로 미사일을 발사하고 폭격기를 출동시킬지 예측할 것이다. 먼 곳에서 일어나는 일을 내다보는 재주를 가진 초능력자를 이용해서 우리가 핵무기를 어디에 숨겼는지 알아낼 것이다. 그 가능성이 높아 보이지는 않는다. 그렇지만 천에 하나, 만에 하나라도 그런 초능력자들이 정말 있어서 그런 작전이 성공한다면? 그렇다면 적은 우리가 사용하는 핵무기를 막아낼 수 있게 된다. 자신만만해진 적이 전쟁을 벌이면 우리의 공격은 실패한다. 모든 도시에 핵폭탄이 쏟아지고 세계의 절반은 멸망하게 된다. 그러니 혹시라도 모르니, 미국 쪽에서도 초능력자 부대를 시험해 보아야 한다.

당연한 이야기이지만, 후일 공식적으로 밝혀진 바에 따르면 스타게이트 사업의 결과로 얻은 내용은 가치가 없었다고 한다.

이런 일에 사람들이 혹하는 까닭은 벌어지는 일을 정확하게 규칙적으로 측정하고 기록하고 검사하지 않고, 대충 마음이 느끼는 대로 생각하기 때문이다. 그러다 보면 확증 편향에 빠지기 쉽다.

확증 편향이란, 내가 짐작하고 믿는 바대로 느끼기 쉬운 성향을 말한다. 누가 아프다고 하는 꿈을 꾸면, 그 꿈이 맞을 때도 있고 맞지 않을 때도 있기 마련이다. 당연하다. 만약 꿈이 틀리게 되면 그냥 꿈은 꿈일 뿐이구나 싶어 별로 기억하게 되지 않을뿐더러, 별 신기한 일도 아니고 기대하던 일도 아니니 대충 넘어간다. 잊게 된다. 그래서 마음에 남지 않는다. 그러나 만약 누가 꿈에 나타나 아프다고 했는데, 공교롭게도 그다음 날 그 사람이 병이 들었다는 소식을 듣는다면, 너무나 신기하고 놀라운 느낌이 든다. 강렬하게 기억에 새겨진다. 역시 내 꿈은 잘 맞는다, 나는 놀라운 힘을 갖고 있는 것 같다는 생각에 더 빠져들게 된다. 내가 기대하고 좋아하고 믿고 있던 대로, 내 꿈은 잘 맞는다는 사실에 부합하는 예시이므로 내 마음에 더 깊이 남는다. 그러다 보면 자신이 꿈으로 미래를 내다보는 힘을 갖고 있는 것처럼 느끼게 된다.

이런 확증 편향의 문제는 세상의 온갖 곳에서 발생한다. 꿈이 잘 맞더라, 무슨 숫자는 재수가 없더라 하는 사소한 문제에서부터, 무슨 회사 제품을 쓰면 운이 좋더라, 무슨 건강식품을 사 먹으면 기운이 나더라 하는 심각한 문제, 무슨 혈액형인 사람들이 나하고 친해지더라, 어느 지역 사람들이 나하고 잘 맞더라 같은 얼토당토않은 편견에까지 영향을 끼칠 수 있다.

만약 정확하게 기록하고 측정하고 검사할 수 있다면, 확증 편향은 깨어질 수밖에 없다. 꿈속에 아프다고 하는 사람이 나타날 때마다 바로 잠에서 깨어 누가, 어디가 아프다고 했는지 매번 기록한다고 해 보자. 그리고 정말로 그날 하루 동안 꿈속에 나타났던 그 사람이 아팠는지 아닌지, 기준을 정해서 매번 확인해 보자. 과연 몇 번이나 맞고, 몇 번이나 틀릴까? 이런 식으로 옳고 그름을 정확하게 따질 수 있는 기준에 따라 반복해서 측정하고 기록해 나간다면, 꿈으로 미래를 예측하는 것이 불가능하다는 사실을 쉽게 확인할 수 있다.

바로 이렇게 기록하고 측정해서 검사하는 방식이 과학에서 문제를 분석하고 풀이해 나가는 기본 방식이다. 꼭 첨단 측정 장비나 컴퓨터를 이용해서 복잡하게 계산하지 않더라도 명확한 기준을 정해서 객관적으로 측정하고 기록한다면, 과학의 방법을 이미 사용하는 것이다. 과학의 방법을 제대로 동원하면, 확증 편향을 깰 수 있다. 누가 초능력이 있는가 없는가 하는 문제뿐만 아니라, 어느 회사 물건이 정말 더 좋은 것인지, 어떤 편견이 가치 있는 생각인지 아닌지를 제대로 판단할 수 있다. 그렇게 해서 우리는 사실을 좀 더 정확하게 깨닫게 될 뿐만 아니라, 잘못된 편견을 깨 나가면서 더 옳은 생각을 찾아갈 수 있다.

그런데 혹시, 만약, 그렇게 정확하게 기록하고 측정하고 검사했는데도 나는 초능력을 갖고 있다는 결론을 얻게 된다면?

그렇다면 축하한다. 세상에 처음으로 진짜 초능력자가 나타난 것이니까. 역시 과학의 방법은 손해 볼 것 없는 장사다.

편견에서 벗어날 수 있다

2

18세기에 나온 조선 시대 서적 중에 『광제비급』이라는 책이 있다. 제목만 보면 무슨 무협지에 나오는 비밀 무술 책 같은 느낌이라서 이 책에 나오는 내용을 익히면 장풍이라도 쏠 수 있을 것 같다. 그렇지만 이 책은 그런 신비의 무술에 관한 책은 아니고, 병든 사람을 치료하는 기술에 관해 서술한 의학, 약학 서적이다. 함경도 지방을 다스리던 관리가 그 지방 사람들이 시설과 인력이 부족해서 고생하고 있는 것을 보고, 어떻게든 도움이 되는 방법을 찾아보고자 편찬한 책이라고 한다.

그래서 그런지 이 책에는 당시 조선의 현실이 반영된 부분이나, 책을 쓴 의

학자가 직접 경험한 내용이 눈에 자주 뜨인다. 본래 의학 서적은 실용적인 목적으로 집필하는 책이다. 그러므로 최신 기술, 최신 지식, 정통 이론을 최대한 담게 되기 마련이다. 조선 시대에 이런 내용은 주로 기술과 지식이 더 발달한 중국에서 수입되는 경우가 많았다. 그렇기 때문에 의학 서적은 조선이나 고려에서 집필된 책이라고 하더라도, 그 내용은 사실 중국에서 온 지식을 충실히 옮긴 경우가 대부분이다. 그런데 『광제비급』에는 거기에 더해서 조선에서 직접 경험하고 보고 들은 내용이 추가된 부분이 보인다는 이야기다.

나는 그런 내용들이 재미있다고 생각했다. 기술적으로 정확한 내용은 아닐지 모르겠지만, 18세기 조선 사람들이 사람의 몸과 병, 생명과 생물의 삶을 보는 관점이 드러나기 때문이다. 예를 들어 『광제비급』에는 "수매(水魅)"라는 이름으로, 당시 평안도 지역에서 목격되었다는 물귀신 이야기가 나와 있다. 물에서 나온 붉은 손이 수영하던 사람의 머리채를 붙잡더니 끌고 내려갔다고 설명되어 있는데, 조선 시대 기록에서는 의외로 자주 보이지 않는 구체적인 물귀신 목격담이다. 이런 것까지 병과 의학을 다루는 책에서 이야기하다니 신기하기도 하고, 한편으로는 물에 빠진 사람을 구조하고 인공호흡을 하는 방법을 조선 시대 사람은 몰랐을 테니, 물에 빠진 사람을 구하는 방법에 대해 뭐라도 설명하기 위해 물귀신 이야기를 했겠거니 하는 생각도 든다.

『광제비급』에는 "노채충(勞瘵蟲)"이라는 벌레에 관한 이야기도 있다. 노채는 폐병에 걸려 기침을 하고 피를 토하면서 사람이 점점 파리해지다가 목숨을 잃는 병으로, 노채충은 그런 위험한 병에 걸리게 만든다는 벌레다. 이 책을 쓴 조선 시대 의학자는 중국 의학 서적에서도 여러 가지로 언급되었던 노채충 이야기를 옮겨 소개하면서 자신이 보고 들은 내용도 같이 종합하여 언급하고 있다.

이 책에 따르면, 노채충은 대체로 호랑나비 같은 날개를 가진 벌레다. 사람의 콧속으로 들어가서 사람 몸 여기저기를 빨아 먹거나 파먹어서 사람을 병들게 하는 벌레이므로, 크기는 사람 코로 들어갈 정도라고 보는 것이 맞을 것이다. 한편으로 이 벌레가 두꺼비같이 생겼다는 묘사도 있으므로, 전체적으로 두꺼비처럼 생긴 몸체에 제법 큼직한 호랑나비 날개를 가진 벌레라고 생각하면 조선 시대 사람들의 상상과 비슷하겠다. 또 말 꼬리나 문드러진 국수 가락처럼 생겼다는 묘사도 보이는데, 그렇다면 기다란 꼬리가 달려 있는데 그 꼬리가 매끈하고 아름답기보다는 징그럽

다는 의미인지도 모른다. 이 벌레가 세 명에게 병을 일으키면 그 모습이 귀신처럼 변한다는 말도 나와 있다. 귀신의 형상에 대한 설명은 없지만 아무래도 귀신은 사람과 비슷할 테니, 얼굴이나 머리가 사람과 닮은 모양이라는 이야기라고 상상하는 것이 좋을지 모르겠다.

이 모든 내용을 종합한다면, 흉측하고 무섭게 생긴 사람 머리에, 몸통은 두꺼비처럼 생겼지만 징그러운 꼬리가 달린 벌레가 호랑나비 같은 날개를 활짝 펼치고 날아다니는 모습이 아닌가 싶다.

『광제비급』에는 당시 사람들이 노채에 걸리는 것을 천형(天刑)이라고 했다는 말도 실려 있다. 즉 노채라는 병에 걸리는 것은 하늘이 내린 형벌이라는 뜻이다. 이야기를 연결해 보자면, 하늘이 나쁜 사람을 벌하기 위해 그 사람에게 노채충을 보내 병이 들게 한다고 보았던 것 같다. 특히 이 책에는 어떤 사람이 너무 방탕하게 살면, 그에 대한 징벌로 그 사람의 자손이 노채에 걸리게 된다는 속설이 실려 있다. 그러니까 누구인가가 노채에 걸려 기침을 하며 피를 토하다가 쓰러지면, 아마도 저 사람의 조상 중에 누구인가 너무 방탕하게 살아서 그 가문의 후손이 노채에 걸린 것 아닌가 짐작할 만하다. 실제로 이 책에는 일가족이 모두 노채에 걸려서 전멸한 사례도 있다고 언급되어 있다.

과연 노채라는 병의 정체는 무엇일까? 작은 마귀 같은 노채충이 정말로 방탕하게 산 사람의 후손들 곁을 지금도 팔랑거리며 날아다니고 있을까?

현대 의학에서는 과거 기록에 보이는 노채라는 병이 결핵과 거의 일치한다고 보고 있다. 기침을 하고 피를 토하는 것, 폐가 병들어 목숨을 잃게 되는 것은 전형적인 결핵의 증상이다. 그 외에도 결핵의 증상과 통하는 것처럼 보이는 기록들은 흔하다. 긴 시간 많은 사람에게 관찰된, 비교적 널리 퍼진 병이었다는 점도 결핵과 일치한다. 결핵은 전염병이므로, 한 사람이 결핵에 걸리면 그 가족들도 모두 결핵에 걸리기 쉽다는 점에서도 결핵과 노채는 통한다.

그러나 결핵의 원인은 노채충이 아니라 결핵균이라는 세균이다. 결핵균은 옛사람들의 소문 속 노채충의 괴이한 모습과는 아무 상관이 없는 모습으로, 크기가 1000분의 1밀리미터쯤 되는, 둥글고 길쭉하게 생긴 평범한 세균이다. 결핵 환자의 몸에서 두꺼비 몸에 나비 날개를 단 괴물 벌레가 발견되는 일은 없지만, 이 작은 세균은 반드시 발견된다.

당연히 결핵균은 하늘이 누구인가를 징벌하기 위해 보내는 마귀도 아니고, 방탕하게 산 사람의 후손을 찾아다니는 재주도 없다. 아무리 착실하게 산 사람의 후손이라고 하더라도 결핵균이 몸속에 들어와서 자리 잡으면 그 사람은 결핵에 걸리는 것이고, 그야말로 하늘이 벌을 내려야 할 것 같은 사악한 죄인이라고 하더라도 결핵 예방 접종을 했다면 결핵에 걸리지 않는다. 한국은 경제 수준이 비슷한 다른 선진국들에 비해 유독 결핵 환자가 많은 편인데, 그렇다고 해서 한국인들이 하늘의 벌을 받을 만한 죄인이라거나, 지금 한국인들의 조상들이 유럽이나 미국 사람들보다 더 방탕하게 살았다는 뜻은 아니다. 결코 아니다.

즉, 결핵이라는 병을 일으키는 세균을 명확히 발견해서 과학적으로 증명한 덕분에 어떤 사람이 노채라는 병을 앓고 있느냐 아니냐 하는 사실은 그 사람의 도덕성이나 그 사람 조상의 도덕성과는 아무 관련이 없다는 사실이 밝혀졌다. '하늘의 벌을 받아서 병에 걸렸다'는 식의 생각은 사람이 병드는 원인과는 관계가 없다. 병에 걸리는 원인을 모르고, 그 치료 방법도 모르는 옛 사람들의 답답한 마음 때문에 생긴 상상이 이리저리 퍼지는 가운데 생긴 소문은 옳지 않고, 그릇된 편견일 뿐이었다는 사실을, 어떤 문제의 원인과 결과를 정확히 밝혀내고자 노력하는 과학의 태도로 알아낸 것이다.

노채충에 관한 소문뿐만 아니라, 옛사람들이 갖고 있던 쓸데없고 무의미한 편견들이 수많은 과학 연구를 통해 산산이 깨어졌다. 혈액형에 따라 사람의 성격이 나뉜다거나, 엉뚱한 주술적인 이유로 인생이 잘 풀리는 운명과 인생이 망하는 운명이 나뉜다는 발상, 어떤 사람이 속한 가문이 귀하냐 천하냐에 따라 그 사람의 태생적인 기질이 나뉜다는 발상, 그래서 누구는 태어날 때부터 한 나라를 지배하는 임금이 되는 데 적합하고 누구는 노비가 되는 데 적합하다는 발상, 그 모든 생각이 다 부질없고 무의미한 것으로 완전히 밝혀져 버렸다. 성별에 따라 사람의 판단력이나 지능이 달라진다는 식의 차별이나, 세상의 인종이나 민족 중에 더 우월한 인종이 있고 더 열등한 민족도 있다는 발상 따위도 허망한 환상이라는 것이 사실로 드러났다. 수백 년, 수천 년 동안 이어지던 신분, 귀천, 성별, 민족에 대한 옛사람들의 편견이 객관적으로 측정하고 정확하게 비교하여 분석하는 과학의 방법을 통해 무너졌다는 뜻이다.

한발 더 나아가 통계적 분석과, 원인을 과학적으로 찾아내려는 노력은 아직 세상에 남아 있는 차이에 대해서도 편견을 초월해 나아갈 수 있는 방향을 제시한다. 우리는 실제로 어떤 사람들의 집단이 객관적으로 의미 있는 차이를 드러내는 특성을 갖고 있다고 해도, 그것만으로 사람을 차별해서는 안 되며 오히려 그 차이를 극복하기 위해 노력하는 것이 옳다는 결론으로 나아갈 수 있다.

예를 들어, 한 지역 사람들의 건강 상태가 다른 지역 사람들의 건강 상태보다 어느 정도 떨어진다는 조사 결과를 얻었다면, 그 지역 사람들은 본래 허약하다는 편견을 갖고 그들을 차별하자는 결론으로 나아갈 필요가 없다. 과학 이전 시대에서 온 악마가 그 지역에 들러붙어 있어서, 그 지역 사람들은 저주받은 사람들이기 때문에 건강이 나빠진단 말인가? 그럴 리는 없다. 막연한 차별을 의식적으로 피하면서, 왜 그 지역 사람들은 더 건강하지 못하게 되었는지 그 이유를 알아내서 그들도 다른 지역 사람들만큼 건강해질 수 있는 길을 찾아내야 한다. ***그것이 과학이다.***

병뚜껑을 잘 열 수 있게 된다

3

별 쓸데없는 데 집착하는 사람을 본 적 있는가? 결코 그 정도로 공을 들일 필요가 없을 것 같은 일에 괜히 심한 열정을 바치는 사람 말이다. 물론 세상에는 잘 알려지지 않은 스포츠 종목의 열성 팬이라서 그 스포츠의 팀이 이기느냐 지느냐에 따라 하루 종일 즐거워하거나 우울해하는 사람들도 많다. 그렇지만 이런 사람들은 적어도 그 스포츠의 팬들끼리는 서로를 이해한다. 야구나 축구처럼 인기가 많은 스포츠의 팬들이라면 비인기 종목 팬들의 심정을 미루어 짐작할 수도 있다.

여기서 말하는 것은 그런 사람들의 사례는 아니다. 정말로 별 공감을 못 받고, 사람들이 공감하기는커녕 왜 그런 집착을 갖고 있는지 상상도 잘 못하는 경우를 말한다.

예를 들어 어떤 사람이 외출 뒤 집에 돌아오면 항상 5분간 손을 깨끗이 씻는 버릇이 있다고 해 보자. 그 정도로 손을 씻는 사람에게 크게 공감하는 사람이 많지는 않을 것이다. 그러나 "손이 더러운 것을 너무나 싫어해서 저러는가 보다." 하고 그 심정을 상상해 볼 수는 있다. 그런데 그런 상상조차 하기 어려운 쓸데없는 집착도 세상에는 있는 법이다. 예를 들어 어떤 사람이 외출 뒤 집에 돌아오면, 항상 현관 앞에서 닭싸움하는 듯한 자세를 취한 다음에 문을 열고 들어온다고 해 보자. 그 행동을 하지 않으면 그 사람은 너무나 찜찜한 심정이 된다면, 그 사람의 그 심정이 어떤 것인지 상상하기란 어렵다.

내 경우에는 열어 보려고 했는데 잘 열리지 않는 뚜껑이 있으면, 무슨 수를 써서든 반드시 열고 마는 집착이 있다. 십 대 중반 즈음에 생긴 습성인 것 같은데, 왜 그런 마음을 갖게 되었는지는 나 자신도 모른다.

상상 속의 이야기를 한번 꾸며 보자. 내가 그 무렵, 병뚜껑 제조 회사 사장의 아들에게 학교에서 심한 놀림을 받았다고 생각해 보자. 그렇다면 그때 한이 맺혀서 놀림받은 것에 대한 복수를 하고 싶은 마음에 항상 병뚜껑을 극복의 대상으로 여기는 심리가 생길 수 있을 것이다. 열려야 마땅한데 열리지 않는 병뚜껑은 나를 부당하게 비웃던 그 아이이고, 그 병뚜껑을 열고자 하는 나의 모습은 십 대 시절로 돌아간 나 자신이다. 나는 병뚜껑을 열어야만 그때의 괴로움을 극복할 수 있다. 한을 풀 수 있다.

뭐 이런 식의 사연이라도 있다면, 병뚜껑을 열고자 애를 쓰는 내 모습을 어렵지 않게 이해할 수 있을 것이다. 그러나 나에게 그런 사연은 전혀 없다.

인생을 돌아보면, 병뚜껑을 열지 못해 큰 고생을 한 적도 없고, 병뚜껑 회사나 병뚜껑 전문가 같은 사람과 알고 지낸 적도 없다. 병뚜껑과 나의 관계는 시종일관 평범했다. 음료, 간장, 잼, 소스 같은, 병에 들어 있는 것을 먹기 위해서 열어야 하는 것이 병뚜껑이었고, 대부분 잘 열렸다. 그게 전부다. 가끔 잘 열리지 않는 것도 있기는 했지만.

그러나 끝내 열리지 않은 것은 없다. 왜냐하면 나는 무슨 수로든 무조건 내 손으로 병뚜껑을 반드시 열었기 때문이다.

이게 뭔가? 나는 왜 이런 성격을 갖고 있는가? 모른다. 아무도 모른다. 그렇다고 열리지 않는 병뚜껑을 보면 땀이 나고 입안의 침이 바짝바짝 마르고 심장이 뛰고 불안해지고 그러는 것도 아니다. 사실 병뚜껑이 잘 안 열린다고 해서 별로 기분이 나쁜 것 같지도 않다. 이 복잡한 세상, 안 그래도 힘든 일 많고 피곤한 일이 많은데, 무생물에 불과한 병뚜껑이 어쩌다 열리지 않는다고 해서 굳이 그렇게 짜증을 낼 필요가 있겠는가? 그렇다. 나도 동의한다.

그렇지만 나는 거기에서 멈추지 않는다. 병뚜껑을 그렇게까지 공을 들여 열고 싶은 이유는 없지만, 나는 반드시 그 병뚜껑을 연다. 병뚜껑을 열었을 때 즐거움이 너무 커서 덩실덩실 춤을 춘다거나 하지도 않는다. 나는 그런 이상한 사람은 아니다. 병뚜껑이 안 열린다고 짜증을 내지도 않지만, 병뚜껑을 열었다고 감동의 눈물을 흘리는 것도 아니라는 이야기다. 하여튼 열려고 했던 병뚜껑이 안 열리면 나는 열릴 때까지 모든 방법을 동원해서 어떻게든 열어 버린다. 모르겠다. 그게 인생이다. 적어도 그게 내 인생이다.

한번은 절대 열리지 않을 것처럼 단단하게 붙어 있는 병뚜껑이 있어서 네 시간 정도를 붙들고 있었던 적도 있다. 손으로 붙잡고 힘을 너무 많이 줘서 손바닥에 물집이 잡혔다. 그때는 약간 오기가 생겼던 기억도 난다. 그리고 결국 한밤중에 그 병뚜껑을 열고야 말았다. 별로 환호하지는 않았다. “네 시간 동안

부질없이 병뚜껑 연다고 이게 무슨 짓이지." 하는 허탈감이 오히려 느껴졌다. '이 병은 앞으로 너무 꽉 닫아 놓으면 안 되겠다.' 그 정도 생각이 들었을 뿐이다.

시간이 흐르고 과학을 배우고 알게 되는 지식이 늘어나면서, 병뚜껑을 여는 문제에 대한 내 태도도 달라졌다. 병뚜껑을 포기하는 태도를 배웠다는 뜻은 아니다. 여전히 병뚜껑을 열고야 만다. 심지어 병에 너무나 강한 힘을 주다가 병목 부분의 유리가 부서져 나오면서 병뚜껑이 열린 적도 있다. 하지만 나는 과학을 배운 후에, 병뚜껑 열기 문제를 푸는 새로운 방법을 개척하게 되었다.

여기에서 이야기의 주제는 열역학으로 넘어가게 된다.

사람들이 밝혀낸 바에 따르면, 무엇인가가 따뜻하다거나 춥다거나 하는 것, 즉 온도라는 것은 사실 물체를 이루고 있는 작은 알갱이들이 떨리는 정도를 말한다고 한다.

알루미늄 껍데기로 덮여 있는 스마트폰 하나를 손에 들고 있다고 해 보자. 그 스마트폰의 알루미늄 몸체는 사실 알루미늄 원자라고 하는 매우 작은 알갱이들이 끝도 없이 많이 모여 있는 덩어리다. 그런데 그 작은 알갱이 하나하나는 눈에 보이지 않을 정도로 아주 미세하게 조금씩 이리저리 빠르게 움직이고 있다.

앞, 뒤, 옆, 아래, 위로 부르르 떨리고 있다고 상상해 보아도 괜찮다. **스마트폰의 겉면을 이루고 있는 모든 알루미늄 원자들은 그렇게 아주 미세하지만 빠르게 항상 떨리고 있다.** 너무 작은 움직임이라서 맨눈으로 알아볼 수 없을 뿐이다.

사람 손의 감촉이 매우 민감하다면, 그 떨림이 느껴져서 손이 간질간질할 것이다. 그렇지만 촉감으로 느끼기에 그 떨림은 너무 약하고 또 작다. 그 대신에 이런 종류의 떨림은 다른 감각으로 느껴진다. 바로 온도 감각이다. 즉 원자가 평균적으로 빠르게 떨리고 있으면 그 물체를 붙잡고 있는 손은 그 물체가 따뜻하다고 느낀다. 반대로 물체를 이루고 있는 원자들이 느리게 떨리면 그 물체를 붙잡고 있는 손은 그 물체가 차갑다고 느낀다. 모든 물체가 다 마찬가지다. 물체의 온도가 높다는 것은 그 물체를 이루고 있는 작은 알갱이들이 그만큼 평균적으로 빠르게 움직이고 있다는 뜻이다.

이런 사실은 과목을 잘 택하면 고등학교에서도 배울 수 있다. 이런 내용을 알려 주는 쉬운 동영상이나 책을 접한다면 그보다 더 어린 나이에도 알 수 있을지 모른다. 그런데 나는 이런 사실을 대학에 가서야 처음 배웠다. 대학에서 과학을 익히며 새로 알게 된 사실 중에 정말 신기하다는 느낌이 들었던 이야기로, 손에 꼽을 만큼 강하게 기억에 남아 있다. 무엇인가가 빨리 움직인다, 느리게 움직인다 하는 것은 그냥 움직이는 모양에 관한 이야기인 줄로만 알았는데 그런 것이 아주 작은 크기로 일어나고 있다면 온도로 느껴진다니, 뭔가 전혀 상관없을 것 같은 사실 두 가지가 놀랍고도 이상하게 연결되는 느낌이었다.

아무리 눈에 뜨이지 않을 정도로 작은 움직임이라고는 하지만, 그래도 온도가 무척 높을 때와 낮을 때는 눈에 보일 정도의 차이가 나는 경우도 있지 않을까? 실제로 그런 일도 생긴다. 아주 정확한 설명은 아니지만 대략을 이야기해 보자면, 온도가 높은 물체를 이루고 있는 알갱이는 그만큼 빨리 떨리고 있기 때문에 전체적으로 약간 넓은 공간을 필요로 한다. 떨리는 알갱이들이 서로 밀치는 바람에 차지하는 공간이 늘어난다고 보아도 좋다. 그러면 그 알갱이들이 모여 있는 덩어리도 조금 부피가 커진다. 즉 물체는 온도가 높아지면 대체로 크기가 조금 늘어난다는 이야기다. 같은 철사 조각을, 냉장고에 차갑게 넣어 두었을 때 길이를 재어 보고, 펄펄 끓는 물 속에 넣어 두고 길이를 재어 보면, 끓는 물 속에 넣어 둔 철사가 조금 더 길다. ***이런 현상을 흔히 열팽창이라고 부른다.*** 수많은 기계 설계, 건설, 공학, 물리학, 화학

HOT

분야에서 다양하게 고려해야 하는 현상이다.

그런데 이렇게 뜨거워졌을 때 그 크기가 늘어나는 정도는 그 물체를 이루는 알갱이의 성질에 따라 달라진다. 예를 들어 철이나 알루미늄은 좀 많이 늘어나는 경향이 있고, 나무나 유리는 그보다는 좀 덜 늘어나는 경향이 있다.

그리고 나는 그 사실을 이용해서 병뚜껑을 더 쉽게 열 수 있을 거라는 생각을 하게 되었다.

냉장고에서 꺼낸 병의 뚜껑이 잘 열리지 않을 때, 뚜껑 부분만을 뜨거운 물속에 담그거나 뜨거운 물을 틀어 놓은 곳에 잠시 갖다 댄다. 보통 병의 뚜껑 부분은 철, 알루미늄 등으로 된 경우가 많아서 뜨거워지면 그 크기가 약간이라도 늘어난다. 그에 비해 병의 몸체는 유리로 되어 있기 때문에 그보다는 크기가 잘 늘어나지 않는다. 이렇게 되면 뜨거워진 뚜껑이 더 늘어나서 몸체보다 조금 더 커진 상태가 된다. 즉 뚜껑이 몸체에 비해 헐거워진다. 그뿐만 아니라 잼이나 소스를 담아 둔 병의 경우, 잼이나 소스가 병뚜껑 주위에서 굳어 딱딱해지는 경우도 있는데 뜨겁게 하면 그게 녹아 버려서 도움이 되기도 한다. 자연히 뚜껑은 더 잘 열린다.

나는 이후, 이 방법을 자주 많이 활용해 보았다. 잘 열리지 않는 뚜껑을 열기에 매우 유용한 좋은 방법이었다. 일전에는 에스엔에스(SNS)에 이 방법을 공유하기도 했다.

"안 열리는 병이 있으면, 뚜껑을 뜨거운 곳에 넣었다가 열어 보십시오."

그래서 열리지 않는 병 때문에 좌절에 빠져 있었던 많은 시민으로부터 환호를 받기도 했다.

길게 이야기를 했는데, 돌아보니 이 모든 사실이 과연 과학의 본질이나 과학의 진정한 의미와 얼마나 관련이 있는지는 잘 모르겠다. 이런 이야기를 듣고 과학을 열심히 배워야겠다고 결심하는 사람이 세상에 있을까? 아니면 과연 내가 과학 발전에 도움이 되는 글을 쓴 것일까?

그렇지만, 하여튼 병뚜껑은 잘 열 수 있다.

지구를 구할 수 있다 4

우주에는 베누(Bennu)라고 하는 소행성이 있다. 태양계 안에서는 비교적 지구와 가까운 편에 속하는 소행성이다. 지구는 태양으로부터 약 1억 5,000만km 정도 떨어져 있는데, 베누는 그보다 1,000만~2,000만km 정도 더 멀리 떨어져 있다. 그러니까 아마도 좀 추운 소행성 아닐까 싶다.

소행성인 만큼 크기는 지구에 비해 아주 작은 편이다. 지구의 지름은 1만 2,000km가 넘는데 베누 소행성의 지름은 500m 정도밖에 되지 않는다. 그렇지만 작다고만은 할 수 없는 크기다. 이 정도 크기면, 지금 한국에서 가장 높다는 빌딩과 맞먹는다. 그런 크기의 돌덩어리 같은 것이 지구에서 크게 멀지 않은 우주 공간을 빙빙 돌고 있다고 상상해 보면 되겠다.

우주에는 소행성이라 불리는 작은 돌덩어리들이 무척 많다. 이미 발견된 것만 해도 워낙 그 수가 많기 때문에, 그중에는 한국인의 이름이 붙은 소행성들도 여럿 있다. 조선 시대 임금의 이름을 딴 세종이라는 이름의 소행성도 태양계 한편을 돌고 있고, 대중들을 향한 과학 교육 활동으로 명망 높은 천문학자 조경철 선생의 이름을 딴 조경철이라는 소행성도 있다. 조경철 선생의 스승뻘인 이원철 선생의 이름을 딴 이원철 소행성도 있으며, 그 외에도 최무선, 장영실, 이순지, 허준, 홍대용 같은 한국 역사 속에 이름을 남긴 과학 기술인의 이름을 딴 소행성도 있을 정도다.

그 많은 소행성 중에 베누 소행성은 그 모양이나 크기로는 딱히 특별할 것은 없다. 그런데도 지금 이야기를 꺼내는 이유, 또 나 이외에도 많은 사람의 관심을 받는 이유가 한 가지 있다. ***바로 베누 소행성이 미래에 지구와 충돌할 가능성이 약간 있기 때문이다.***

대략 지금으로부터 100년에서 200년 정도가 지난 미래에, 베누 소행성이 지구에 충돌할 가능성이 무시할 수 없을 정도인 것으로 추측되고 있다고 한다. 확률이 높다는 뜻은 아니다. 모르기는 해도, 충돌할 확률은 5%, 1%도 되지 않을 것이다. 그렇지만 거대한 빌딩만 한 돌덩어리가 우주에서 지구로 떨어진다는 것은 굉장히 위험한 일이다. 제법 큰 재난이 일어날지도 모른다. 두꺼운 옷을 여러 겹 겹쳐 입고 있을 때, 누가 권총으로 꽤 멀리서 쏜다면 그 총알에 맞는다고 해서 목숨을 잃을 확률이 크지는 않을 것이다. 하지만 그렇다고 해서 누가 권총으로 쏠지도 모르는 상황을 무시하고 살 수는 없는 노릇 아닌가? 이 정도의 큰 재난이라면 실제로 벌어질 확률이 낮다고 해도 조사하고 대비할 필요가 있다.

경남 합천의 적중면 지역은 200m에서 600m 정도의 꽤 높은 산으로 둘러싸여 있다. 그런데 그런 지형에서 갑자기 오목하게 패여서 농사짓기 좋은 넓은 마을 터가 몇 군데 모여 있는 곳이 있다. 꼭 어마어마한 거인이 그곳만 거대한 삽으로 파낸 것처럼 보이는 신기한 지형이다. 그런데 2020년에 이 지형은 사실 약 5만 년 전 하늘에서 작은 소행성이 떨어진 충격 때문에 땅이 패여 생긴 것이라는 연구 결과가 발표되었다. 5만 년 전이면 한반도에는 구석기 시대 사람들이 살던 때일 것이다. ***그 사람들은 하늘에서 거대한 돌이 떨어져 합천 지역의 지형을 바꾸고 산이 솟고 땅이 가라***

앉는 엄청난 장면을 목격했을 것이다.

그 정도 충격을 준 소행성의 크기는 대략 지름이 200m 정도였을 거라고 한다. 베누 소행성은 그보다도 몇 배는 되는 크기다. 따라서 만약 베누 소행성이 지구에 충돌한다면, 합천 지역의 지형을 바꾼 것보다는 훨씬 더 큰 충격을 줄 것이다. 대충 생각해 보아도 그 소행성이 충돌한 곳에 도시가 있다면 도시 하나 정도는 완전히 파괴될 가능성이 높다. 그 주변 지역에도 충격파와, 공중으로 치솟았다가 떨어지는 부스러기들 때문에 많은 피해가 발생할 것이다.

물론 베누 소행성이 지구에 떨어진다고 해서 지구 전체가 멸망하거나, 생태계가 완전히 뒤바뀔 정도의 피해를 입는 것은 아니다. 지금으로부터 6,500만 년 전쯤에 지구에 큰 소행성이나 혜성이 부딪혀서 그 충격으로 공룡이 멸종했다는 학설이 지금은 주류로 자리 잡았는데, 그때 떨어진 돌덩어리에 비하면 베누 소행성은 크기가 작다. 그러니 설령 베누 소행성이 충돌한다고 해도 지구 종말이나 인류의 멸망을 걱정할 정도는 아니다. 다만 어디에 떨어질지 잘 알아내서 제때 사람들을 대피시키기만 하면 된다.

그런데 지구로부터 1,000만 km쯤 떨어진 소행성이 지구의 어디에 떨어질지

정확하게 예측하는 것은 쉬운 일이 아니다. 그 위치를 100km쯤의 정확도로 예측한다는 것은, 단순 계산으로는 100m 떨어진 곳에서 표적으로 누가 총을 쏘는데 그 총알이 1mm 왼쪽으로 올지, 오른쪽으로 올지 따지는 정도의 정확도다. 총알이 1mm 서쪽으로 떨어지면 그것은 베누 소행성이 아무도 없는 서해 한가운데 떨어진다는 뜻이지만, 총알이 1mm 동쪽으로 떨어지면 베누 소행성이 서울 한복판에 떨어질 수도 있다는 이야기다.

그러므로 우리는 최대한 그 위치를 정확히 알아내야 한다. 만약 그 위치를 1,000km 정확도로 알아냈는데, 마침 그곳이 한반도라고 상상해 보자. 그러면 소행성이 떨어질 때 한반도 사람들은 이웃 중국이나 일본으로 잠시 대피해 있어야 한다. 그러려면 한국 정부는 일찌감치 이웃 나라 정부들에게 도움을 요청하고 한 며칠 약 5,000만 국민 모두가 피해 있게 해 달라고 협조를 구해야 한다. 만약 소행성이 떨어지는 위치를 10km 정확도로 알아낼 수 있다면 한결 수월해진다. 그 소행성이 떨어지는 위치의 도시 주민들만 며칠간 대피하면 된다. 만약 소행성이 서울에 떨어진다면, 서울과 경기도 사람들이 잠시 다른 지방으로 피하면 될 것이다. 전 국민이 외국으로 대피하는 것보다는 훨씬 쉬운 문제다.

이런 정보를 얻어 내려면, 베누 소행성을 면밀히 관찰해야 한다. 지금으로 봐서는 이 소행성이 지구에 부딪히지 않을 가능성이 더 높아 보이지만, 더 정확히 알기 위해서는 소행성의 모양과 움직임을 관찰하고, 그 관찰 결과를 토대로 소행성이 움직여 나갈 위치를 컴퓨터로 계산해야 한다. 오직 그렇게 해야만, 설령 하늘에서 소행성이 떨어지는 재앙이 일어난다고 하더라도 사람들을 구하고 지구 평화를 유지할 수 있다.

과거 고려 시대나 삼국 시대에도 하늘에 이상한 혜성이 출현하거나 작은 우주 돌덩이가 지구에 들어와 유성으로 변해 밤하늘에 보이는 일은 많았다. 다행히 그중에 한반도에 추락해 큰 재난을 일으킨 것은 없었다. 하지만 고려 시대, 삼국 시대 사람들은 과학 기술이 부족했기 때문에 그 정체를 정확하게 알지 못했다. 하늘에 갑자기 이상한 별 같은 것이 나타나면 두려워하고 괴이하다고 생각하면서도, 그것을 그저 천상의 신령이 보여 주는 징조라든가 요사스러운 기운 때문에 벌어지는 신비라고 여겼다. 그러므로 그런 재앙을 피하는 방법에 대해서도 엉뚱한 것을 떠올릴 뿐이었다. 하늘에 정성껏 제사를 지내거나, 임금이 간신배들을 처벌하면, 하늘이 감동하여 재앙을 거둘 거라는 식

으로 생각했다.

그러나 만약 베누 소행성이 지구로 날아온다면 아무리 소행성을 향해 제사를 열심히 지내고, 전 세계 모든 나라의 간신배들을 열심히 처벌한다고 하더라도 베누 소행성이 그것을 알아보고 지구를 피해 갈 리는 없다. 사람 사는 사회에서는 가끔 제사가 중요할 때도 있고, 간신배 처벌이 중요할 때도 있지만, **이런 절체절명의 문제를 해결하는 데에는 과학과 계산과 발달된 기술만이 유일한 해답이다.**

역사를 돌아보면 이런 사례는 자주 보인다. 예를 들어, 조선 시대 사람들은 농사가 잘되기를 빌며 그렇게 열심히도 기우제를 지냈다. 하지만 현대 한반도에서 과거보다 더 많은 곡식을 풍족히 생산하고 있는 것은 기우제를 더 정성스럽게 지내고 있기 때문이 아니라, 더 발전된 기술로 농사짓는 방법이 도입되었기 때문이다. 고려 시대나 삼국 시대에는 이상한 전염병이 돌면, 귀신이 병을 퍼뜨리는 것 같으니 그것을 막겠다고 푸닥거리를 하고 부적을 사용했다. 21세기에 전염병의 피해가 훨씬 줄어든 까닭은 더 용한 무당이 더 뛰어난 부적을 개발했기 때문이 아니라, 전염병을 옮기는 세균과 바이러스에 대한 지식을 생물학 연구를 통해 밝혀냈고, 그것을 처치하는 방법을 화학 연구를 통해 개발했기 때문이다.

지금 우리는 답을 구할 수 있는 방법으로 문제를 풀어 나갈 줄 안다. **실제로 2021년 초, 과학자들은 무인 우주선 탐사선을 베누 소행성에 도착시켰다.**

우주선은 베누 소행성을 잘 살펴보고, 베누 소행성에 잠깐 달라붙어 베누 소행성의 모래와 돌조각을 채취하는 데 성공했다. 이 우주선은 채취한 것들을 들고 다시 지구로 돌아올 예정이다. 이 모든 조사 작업이 완료되면, 베누 소행성에 대해서 우리는 더 많은 것을 더 상세히 알게 될 것이다. 지금까지 조사된 내용을 들어 보면, 베누 소행성은 생각보다 푸석푸석한 재질이라서 설령 지구에 충돌한다고 해도 큰 피해를 입히지 않고 조각조각 흩어질 가능성도 있다고 한다. 그것이 사실이라면 다행스러운 일이다. 이 역시 과학 덕분에 얻은 지식이다.

음악을 즐길 수 있다

5

조선 전기의 작가이자 정치인이었던 김안로가 쓴 『용천담적기』라는 책이 있다. 이 책에는 조선 전기에 이마지라는 사람이 음악에 능하기로 유명했다는 이야기가 실려 있다. 당시의 부유층이 잔치를 벌이면 종종 저녁 행사로 이마지를 초청해 그의 음악을 들었다고 한다. 이마지는 거문고나 가야금 같은 현악기를 주로 연주했던 것 같은데, 과연 솜씨가 굉장해서 음악에서 기쁜 감정을 표현한 부분에 이르면 모두가 흥에 겨워 했고, 슬픈 감정을 표현한 부분으로 흘러가면 듣던 사람들이 저마다 자기도 모르게 눈물을 흘렸다고 한다.

김안로의 묘사에 따르면, 이마지가 한번 심취해서 격정적이고 강렬한 곡조를 연주하면 그 음악의 감성이 너무나 강렬하게 몰아쳐서 무슨 마법의 혼령 같은 것이 듣는 사람들의 마음속으로 들어가 정신을 휘저어 놓는 것에 가까운 기분이 들었다고 한다. 그래서 음악에 완전히 빨려 들어가면 조금 무섭다는 느낌까지 들 정도였다고 한다. 조선 시대 양반들에게 그런 체험은 굉장히 강렬했을 것이다.

그런데 하루는 이마지가 듣는 사람들이 다들 넋이 나갈 정도로 놀라운 솜씨로 극히 아름다운 음악을 연주하더니, 연주가 끝나고 갑자기 눈물을 흘렸다고 한다. 도대체 왜 저러나 싶어 사람들은 이상하게 여겼다. 그에 대한 이마지의 설명을 이해하기 쉽게 풀이해서 써 보면 대략 다음과 같다.

"시인이나 작가 들은 자신의 글을 남겨 후대에 알려 줄 수 있고, 화가는 그림을 남겨 긴 세월 여러 사람에게 자신의 솜씨를 보여 줄 수 있소. 그러나 나는 아무리 아름다운 음악을 갖고 있다고 한들 이렇게 한번 연주하고 나면 허공에 흩어질 뿐이니, 세월이 흐르면 이런 아름다운 것이 있었다는 사실을 누가 알 수 있겠소? 그것이 사람 사는 것과 같아 서러워서 우는 것이오."

이마지가 슬퍼한 대로, 500년 이상의 세월이 흐른 지금에 와서 그의 음악이 어땠는지 들을 수 있는 방법은 없다. 작가인 김안로가 남긴 글로 된 묘사가 있을 뿐, 그의 음악은 사라졌다.

수천 년 이상, 이런 것이 음악이라는 예술의 어쩔 수 없는 한계라고들 생각했다. 뛰어난 음악을 만들거나 연주할 수 있는 사람들이 있고, 음악을 들으려면 그 사람 곁에 가서 직접 들어야 했다. 그래서 좋은 음악을 들을 수 있는 사람은 좋은 음악가를 초청할 수 있는 일부 부유층 몇몇뿐이었다.

사극을 보면, 임금님이 즐겁게 놀 때 "풍악을 울려라!" 하고 소리치는 장면이 자주 나오는데, 그렇게 막대한 예산을 들여 궁중에서 풍악을 울릴 때에도 그 음악을 들을 수 있는 사람들은 임금님 잔치에 모인 수백 명 정도, 많아 봐야 수천 명이 전부였을 것이다. 만약 뛰어난 음악가가 후계자 여러 명에게 자신의 음악을 최대한 전수해 주고, 후계자들이 그 음악을 들려준다면 그 사람의 솜씨와 어느 정도 비슷한 것이 전해지고 퍼지기는 할 것이다. 그렇지만, 그렇게 한다고 해도 음악가의 원래 솜씨가 그대로 남는 것은 아니다.

그나마 악보가 개발되고, 인쇄 기술의 발달로 악보가 쉽게 퍼질 수 있게 되면서 사정이 좀 바뀌기는 했다. 연주하는 사람의 솜씨까지 그대로 전해지는 것은 아니지만, 누군가 좋은 음악을 작곡했을 때 그 음악의 기본적인 곡조와 내용은 악보를 통해 퍼져 나갈 수 있게 되었다.

19세기 중반에는 기계를 만드는 기술이 발전하면서 음악을 연주하는 자동 장치가 나오기도 했다. 이런 기계는, 악보의 내용을 철판이나 구멍 뚫린 테이프로 표현해 놓은 것을 자동 장치에 집어넣는 방식으로 동작했다. 자동 장치가 철판이나 테이프를 훑을 때 볼록 튀어나온 부분이나 움푹 들어간 부분이 있으면 그것이 장치의 한쪽을 건드리고, 거기에 연결된 톱니바퀴가 움직여서 서로 다른 소리가 나는 철판이나 줄을 때려 소리를 내는 것이다. 간단하게는 태엽이 풀리면서 소리를 내는 오르골 장치도 여기에 해당하고, 좀 복잡하게는 여러 건반을 차례로 두들기게 움직이는 자동 피아노도 있었다. 음악을 그대로 옮길 수 있었던 것은 아니지만, 이런 장치를 사용하면 음악을 연주하는 사람이 없더라도 어느 정도는 음악을 즐길 수 있었다.

그러다 19세기 말, 토머스 에디슨을 비롯한 발명가들이 녹음 기술을 개발하면서 상황이 완전히 달라졌다.

당시의 기술자들은 소리라는 것은 공기가 떨리는 현상이라는 사실을 알았다. 그러므로 공기가 어떻게 떨리는지를 세밀하게 측정해 어디인가에 기록해 놓고, 나중에 기록된 모양 그대로 다시 공기를 떨리게 할 수 있다면 소리를 녹음하고 재생할 수 있다는 착상을 떠올렸다. 그 무렵 발달한 전기 기술을 이용하면 정밀한 떨림의 차이를 감지할 수 있었다. 게다가 전기 장치는 스위치를 손가락으로 톡톡 건드리는 작은 움직임을, 커다란 세탁기를 돌렸다가 멈추는 큰 움직임으로 바꿀 수 있는 특징을 갖고 있다. 세밀하게 기록해 놓은 공기의 미세한 떨림 차이라고 하더라도 전기 장치를 이용하면 센 힘으로 공기를 잘 떨리게 해서 소리를 잘 들리게 만들 수 있었다.

이렇게 해서 소리를 저장해 두었다가 여러 사람에게 판매할 수 있는 기술이 생겨났다. 토머스 에디슨은 처음으로 녹음 기술을 시연할 때, 한국에서는 "떴다 떴다 비행기"라는 번역 가사로 익숙한 「Mary Had a Little Lamb」이라는 동요를 직접 불러서 기록했다가 재생했다고 한다. 그래 놓고도 에디슨은 노는 것보다는 워낙 일에 심취한 사람이어서인지 녹음 기술을 이용해서 음악을 판매한다는 생각보다는, 손으로 쓰기 귀찮은 것을 기록하거나, 글자를 모르는 사람에게 말을 전하는 용도로 녹음 기술을 사용하는 것을 우선으로 여겼다고 한다.

기술이 발전하면서 녹음의 음질은 점점 더 좋아졌고, 그에 따라 녹음 기술로 음악을 판매한다는 발상이 자리 잡았다. 브람스 같은 음악가는 클래식 작곡가로 흔히 분류되지만, 녹음 기술이 개발된 이후의 시대에도 활동했기 때문에 브람스가 직접 연주한 피아노 음악 녹음이 지금도 남아 있다. 에디슨은 약한 금속판에 공기의 떨림을 새기는 방식으로 제품을 만들었지만, 시간이 지나면서 플라스틱판에 떨림을 새기는 방식이 나오면서 더 좋은 음질로 더 싸게 녹음을 대량 생산할 수 있게 되었다. 그래서 음악을 새겨 둔 판이라고 해서, 음반이라는 말이 나왔고, 음반을 만들고 판매하는 음반 시장이 생겨났다. 누구나 음반만 사면 전 세계 최고 수준의 음악가가 연주하는 음악을 들을 수 있는 세상이 시작되었다.

음반 시장이 커졌다는 이야기는, 음악가를 직접 초청해서 들을 수 있는 부유한 귀족이나 임금뿐만 아니라, 평범한 사람들도 음악을 쉽게 즐기는 시대가 되었다는 이야기다. ***그러므로 그런 평범한 대중들이 좋아하는 음악을 만들어 판매하는 대중 가수, 록 스타, 아이돌 가수들이 성공할 수 있는 시대가 열렸다.*** 1970년대 말 이후로는 공기의 떨림을 직접 플라스틱판 위에 새기는 것이 아니라 전기의 세고 약

JOHANNES BRAHMS

한 정도로 바꾼 뒤에 이것을 다시 자력의 세고 약한 정도로 바꾸고 그에 맞춰 미세한 자력을 띨 수 있는 물질을 가공해 자력의 형태로 기록하는 방식이 유행했다. 이것이 카세트테이프 형태로 널리 퍼졌던 자기 테이프 방식인데, 이 방식을 이용하면 더 값싸고 작은 크기로 음악을 저장할 수 있었다. 그래서 더 저렴한 가격에 음악을 구할 수 있었고 어디서나 들고 다닐 수 있는 작은 전자 제품으로도 훌륭한 음질의 음악을 들을 수 있었다.

그러다가 테이프에 기록하던 전기 신호의 크기를 숫자로 바꾼 뒤, 숫자를 처리하는 기계인 컴퓨터 또는 디지털 회로를 이용해서 디지털 정보로 바꾸어 저장하는 방법이 유행하게 되었다. 1990년대에는 레이저를 이용해 디지털 정보를 서로 다른 색깔로 바꾸어 화학 물질에 새겨 놓는 방식을 사용했는데 이 방식 중에 가장 널리 퍼졌던 것이 시디(CD)이다. 2000년대부터는 디지털 정보를 여러 가지 복합적인 방식으로 계산해서 그 분량을 줄인 뒤에 컴퓨터 파일 형태로 저장하거나 인터넷을 통해서 주고받는 방법이 퍼져 나갔다. 그런 압축 계산을 하는 방식 중에는 엠피스리(MP3) 방식이 지금까지도 널리 쓰인다.

그리고 다시 한번 시대가 바뀌었다. 지금은 매우 많은 음악을, 광고와 함께 듣는 서비스나 구독 스트리밍 서비스를 통해서 저렴한 값으로 언제 어디서나 스마트폰을 이용해 들을 수 있다. **조선 시대의 이마지는 자신의 음악은 한번 연주하면 흩어지는 것이라고 한탄하며 눈물을 흘렸다는데, 지금은 스마트폰만 있으면 누구나 세계 최고 음악가의 연주를 길거리에서건 잠자리에 누워서건 거의 무료나 다름없는 가격으로 몇 번이고 반복해서 들을 수 있는 세상이 되었다.** 게다가 동영상 공유 서비스가 널리 퍼지면서 음반 회사에 소속된 음악가들뿐만 아니라, 재미있고 개성 있는 음악을 연주하는 아마추어들도 인터넷에서 인기를 얻고 주목을 받을 수 있는 시대로, 다시 한번 흐름이 바뀌었다.

이 모든 변화는 과학 기술의 발전과 함께 이루어졌다. 앞으로 기술이 발전하면서 음악을 만들고 즐기는 방식은 또다시 변해 갈 것이다. 과학 기술을 익히고 키워 나가는 사람이 그런 변화를 이끌어 낼 기회를 가질 수 있다.

물론 그렇게까지 가지 않더라도, 수학이나 과학 공부를 하다가 좀 질린다 싶을 때, 후련하게 노래나 한 곡 불러 보는 것 정도도 과학과 음악의 훌륭한 조화라고 생각한다.

심심함을 달래기 좋다

6

사람은 사회를 이루고 사는 동물이다. 그렇다 보니, 반대로 외로움을 느끼기도 한다. 정도의 차이는 있겠지만 누구나 외로움을 느낀다. 인기 많은 연예인들조차도 외로움을 견디지 못해서 좌절할 정도였다고, 인터뷰나 토크쇼에서 고백하는 경우가 드물지 않다. 그런 사례를 보면 **누구든 삶을 살면서 어느 정도의 외로움은 헤쳐 나가야 하는 것 같다.**

놀 거리도 없고 친구도 없을 때, 할 일도 없고 볼 것도 없을 때 사람은 심심해진다. 그럴 때 잠이나 자자고 결심할 수도 있고, 답답한 마음에 혼자만의 생각에 잠겼다가 점점 더 답답한 마음속으로 빠져 갈 수도 있다.

나는 그럴 때 과학에 관한 관심과 애정을 갖고 있다면, 외로움을 내쫓지는 못하더라도 적어도 심심함을 달래는 데는 꽤 도움이 된다고 생각한다. ***왜냐하면 과학 기술에 관심이 있다면 신기하게 지켜볼 것, 궁금해서 알아볼 만한 것들을 혼자서도 언제나 쉽게 찾아낼 수 있기 때문이다.*** 그리고 그런 것 중에는 알아볼수록 점점 더 재미있어지는 것들이 많다.

예를 들어, 당장 집 밖으로 나가서 세상에 어떤 생물이 사는지 살펴보자. 내가 사는 동네가 야생 동물이 잔뜩 사는 정글도 아닌데 무슨 대단한 생물이 있을까 싶겠지만, 생각보다 구경해 볼 것은 많다. 하다못해 보도블록 틈에 삐져나와 있는 잡초만 해도 살펴볼 것이 있다.

별로 중요하지 않은 풀이라고 생각해서 잡초라고 부르지만, 잡초들도 저마다 조금씩 다르게 생겼고 그 나름대로 이름이 있고 습성이 있다. 그런 풀들이 도대체 어떻게 이리저리 날아다니다가 보도블록 사이의 작은 틈에 살 곳을 찾아 정착했는지 상상해 보자.

바람을 타고 씨가 날아와서 뒹굴며 다니다가 보도블록 틈으로 끼어들었을까? 그런 식으로 씨앗이 날아다니다가 작은 틈에 뿌리를 내리는 데 성공하려면 도대체 씨앗이 몇 개나 날아다녀야 하는 것일까? 그 씨앗들은 주변 몇 미터, 몇십 미터 근처에서 날아온 씨앗일까, 아니면 몇백 미터, 몇천 미터를 날아올 수 있는 씨앗이었을까? 날아온 것이 아니라면, 도시가 건설되기 이전에 이 지역이 산과 들판일 때부터 이곳에 살고 있던 식물의 후손이, 그 들판이 모두 시멘트와 콘크리트로 덮인 뒤에도 이렇게 가냘프게나마 살아 있는 것이라고 보아야 할까?

꼭 식물학이나 도시 생태학에 대해 잘 알지는 못하더라도 여러 가지 과학 연구의 방법을 익힌다면, 그 나름대로 자신의 상상을 확인해 볼 방법을 고안할 수 있다.

예를 들어 가로수 곁에 핀 잡초는, 근처 공원에서 잡초 씨앗이 바람을 타고 흩날려 와서 그곳에 뿌리를 내린 것으로 짐작된다고 치자. 그렇다면 아마도 공원 근처로 갈수록 그 잡초가 많이 보이고, 공원에서 멀어질수록 그 잡초는 적을 것이다. 씨앗이 바람을 타고 흩날려 간다고 가정했다면, 공원에서 가까운 곳이라고 하더라도 벽으로 막힌 곳 옆에는 그 잡초가 잘 보이지 않을 것이라고 추측해 볼 수도 있다. 실제로 공원 근처를 살펴보고, 잡초들이 흩어진 모양을 보면, 내 생각이 맞는지 확인해 볼 수 있다. 만약 잡초들이 퍼져 있는 수를 헤아려 도표로 기록해 놓는다면 괜찮은 자료가 될지도 모른다. 당장 과학 논문으로 낼 수야 없겠지만, 매달 꾸준히 같은 내용을 기록해 1년이나 2년쯤 계속한다면 적어도 인터넷에 이런 자료도 만들었다고 자랑스럽게 공개할 정도는 될 거라고 생각한다.

이런 일이 너무 어려워 보인다면 더 쉬우면서도 정확한 과학을 찾아볼 수도 있다. ***이를테면 잡초의 이름을 인터넷에서 찾아보는 일도 재미있다.*** 그냥 지나치던 잡초나 별것 아닌 것 같아 보이던 풀꽃의 이름이 무엇이고 그 풀은 어떤 성질을 갖고 있는지, 한번 찾아보는 것이다. 대부분의 잡초는 그 나름대로 이름이 있어서 그 삶이 관찰되어 정리된 자료가 어딘가에는 있다. 특히 요즘은 인터넷과 스마트폰의 시대인지라, 조금만 검색을 해 보면 자료를 찾아내는 것은 어렵지 않다. 식물의 모습으로 그 이름을 검색해 주는 전문적인 프로그램이나 '앱'도 몇 종류가 나와 있다.

세상에서 가장 흔한 잡초라고 할 수 있는 새포아풀을 보자. 새포아풀은 잔디 비슷한 모양으로, 짧고 길쭉한 초록색 잎을 파릇파릇하게 피워 내는 풀이다. 우리나라에는 정말 어디에나 있다고 할 정도로 흔한 잡초다. 돌 틈이나 건물의 흙먼지 낀 곳 같

은 자리에서도 자라고, 산이나 풀밭에도 퍼져 있다.

그런데 이 잡초의 이름이 왜 새포아풀일까? 그것은 이 잡초의 학술적인 명칭인 학명이 포아 아누아(Poa annua)인데 거기에서 포아라는 이름을 따왔기 때문이다. 참고로 학명 포아 아누아는 이 식물이 포아라는 속(genus)으로 분류되며, 포아 중에서도 포아 아누아라는 종(species)에 해당한다는 의미다. 그리고 한국어 명칭 새포아풀은, 포아라는 종류로 분류되는 풀이기는 한데, 그 중에서도 새처럼 작은, 혹은 작은 틈새처럼 크기가 작은 풀이라는 뜻으로 붙인 이름이다.

여기까지만 해도 궁금한 것이 벌써 몇 가지나 따라올 만하다. 혹시 속이나 종이라는 분류 체계라든가 학명이라는 이름에 친숙하지 않다면, 그것은 무엇인지 알고 싶어질지도 모르겠다. 그 정도를 알고 있다면, 도대체 이 흔하디흔한 잡초를 연구해서 이름을 붙인 학자가 누구인지도 궁금해질 만하다. 포아 아누아라는 이름은 누가 붙였고, 그것을 번역해서 새포아풀이라는 한국어 이름을 붙인 사람은 누구일까?

포아 아누아라는 이름은 칼 폰 린네라는 스웨덴 학자가 붙인 것으로 보이며, 새포아풀이라는 이름은 정태현 선생 등이 1940년대 말 광복 이후 생물의 과학적인 이름을 한국어로 붙이면서 처음 탄생한 것 같다. 그렇다면 칼 폰 린네라는 사람은 어떤 과학자였고, 정태현 선생은 어떤 과학자였을까? 정태현 선생은 19세기 말에 출생한 분으로, 어려서는 사람들이 과거 공부를 하던 시대에 사셨기 때문에 시를 잘 짓는 것으로도 유명했다. 그러다 세상이 바뀌면서 새로운 학문을 배우기 위해 염색 공장에 다니면서 돈을 벌어 공부를 했고, 일제 강점기에는 일본 학자들의 조수로 일하면서 틈틈이 생물학의 기초를 다져 나갔다. 바로 그분이 이제 광복이 되어 다시 우리나라를 되찾았으니 잡초 이름도 한국어로 공식적으로 지어 놓자고 해서 '새포아풀'이라는 이름을 붙였던 것으로 보인다. 이런 사연은 계속해서 이어져 간다.

그 외에도 새포아풀에 대해 계속 찾아 나간다면 이야깃거리는 더 있다.

새포아풀은 전 세계에 퍼져 있는 풀이기 때문에 Poa annua라는 단어로 검색하면 영어나 독일어로 된 자료도 찾을 수 있다. 새포아풀은 씨앗이 떨어져 자라나기 시작한 뒤 6주면 다 자라나서 다시 씨앗을 퍼뜨릴 수 있다고 한다. 그렇게 빠르게 번식할 수 있는 식물이면서 동시에 키가 작고 강인하기 때문에 사람이나 동물이 밟고 다녀도 잘 자라나며, 잔디 깎기로 잘라 버려도 문제없이 크는 식물이라는 정보도 얻을 수 있다. 한편으로는 이렇게나 잘 자라나는 잡초이기 때문에, 잡초를 제거하는 사람들에게는 골칫거리라는 사실도 알 수 있고, 골프장처럼 이런 풀과 비슷한 잔디를 잘 키워야 하는 곳에서는 문제가 된다는 사실도 알 수 있다.

이 정도 사실을 모아 놓으면 이제 스스로 상상해 가면서 더 이야깃거리를 찾아 나갈 수도 있을 것이다. ***이렇게나 빨리 잘 자라나는 풀이라면, 이 풀을 사람에게 유용하게 활용할 방법을 찾아볼 수 없을까?*** 황량한 사막이나 황무지 같은 곳에 이 풀을 자라나게 만들어서, 농사짓기 어렵고 생물이 살기 어려운 땅을 조금씩 비옥한 곳으로 바꾸는 용도로 활용할 수는 없을까? 혹시 이런 비슷한 연구를 해 본 다른 사람이 과거에 있었을까? 생명력이 강하다면, 혹시 달이나 화성 같은 지구 바깥에 가져가 키우는 것도 가능할까? 이런 일들이 불가능하다면 왜 불가능할까? 그 불가능함을 해결할 방법은 없을까?

아무것도 아닌 것처럼 보이는 잡초 한 뿌리도 과학의 대상이 되면, 조사하고 고민하고 이야기를 찾아볼 수 있다. 그런 대상은 굉장히 많다. 하물며 하늘의 구름은 왜 공중에 떠 있는지,

보도블록을 만들기 위한 돌은 어디서 캐 와서 무엇으로 자르는지, 물이 흐르는 개천 변 산책로를 만드는 공사를 할 때에는 어떤 장비를 사용해서 어떤 차례로 해야 하는지 등등 좀 더 신기하고 이야깃거리가 있을 만한 문제들도 얼마든지 있다. 그런 문제들에서는 더 재미난 답을 찾아다닐 수 있을 것이다.

물론 이런 일들을 따져 보기만 하면, 과학을 탐구하는 즐거움으로 외로움에서 쉽게 벗어날 수 있다는 이야기는 아니다. 나도 외로움을 날려 버리는 것이 그렇게 간단한 문제가 아니라는 것은 잘 안다.

하기야, 친구 누구는 오늘 저녁 언뜻 듣기에도 멋지게 들리는 파티에 가서 밤새 신나게 놀고 올 거라고 하는데, 나는 돌 틈의 잡초에서 꽃이 몇 개나 피느냐를 따지며 시간을 보내고 있다면 좀 처량한 기분이 들지도 모른다. 그렇지만 어쩌겠는가? 그렇게 저렇게 버텨 나가는 수밖에 없는 것이 인생이다. ***그래도, 적어도 내 곁에 아무도 없다는 기분이 들 때, 세상 곳곳을 가득 채우고 있는 작은 것들이 저마다 그 많은 사연을 품고 살아가고 있다는 과학의 이야기가 어떤 힘을 내게 줄 수는 있을 거라고 생각한다.***

느긋하게 살 수 있다 7

중국 고대 역사를 다룬 책인 『사기』의 「염철론」이라는 대목을 보면, 고대 중국 진나라의 임금이었던 진시황의 업적을 언급하는 부분이 있다. 내용을 읽어 보면 진시황은 천하를 통일했고 동쪽으로는 고조선 세력도 제압하는 데 성공했다고 되어 있다. '천하'라는 것은 하늘 아래라는 뜻이니까 그 말은 곧 하늘 아래에 펼쳐진 온 세상을 가리킨다. 즉 진시황이 온 세상 모두를 지배하는 데 성공했다는 이야기다. 그러면서 동쪽의 고조선과 다투었다는 내용이 있는 것을 보면, 그 당시 진시황과 그의 부하들은 고조선 지역을 아마 세상의 동쪽 맨 끝 경계쯤으로 여겼던 것 같다.

그 옛날 고조선 사람들과 지금의 한국인들이 꼭 같을 리는 없겠지만 대강 비슷하다고 치면, 이것은 한국인 입장에서는 황당한 이야기다. **한국인들은 한국 동쪽에 동해가 있고 일본이 있다는 것을 알며, 그 일본보다 더 동쪽에도 바다가 펼쳐져 있으며 또 다른 세상이 있음을 잘 안다.** 한반도는 세상의 동쪽 끝이 아니며, 세상은 그보다 훨씬 더 넓다. 그러나 그런 사실을 몰랐던 먼 옛날 진시황은 지금으로 따지면 서해에 인접한 중국의 평지 지역 정도를 두고 자신 있게 그냥 천하, 즉 세상 전체라고 불렀다. 그 정도 영토 안에서 자신의 명령이 통하게 만들어 놓고, 온 세상이 자신의 지배를 받고 있다고 여겼다.

그런 믿음을 가진 사람을 쉽게 이해할 수는 없지만, 고대 사회의 지배자들이 품었던, 자기 자신에 대한 비뚤어진 자신감을 대강 상상은 해 볼 수 있을 것 같다. 자신의 정복 활동으로 세상의 모든 것을 지배하게 되었다고 생각한다면, 마치 온 세상, 온 우주가 자기 손에 들어와 있다고 느꼈을 것이다. 이 우주가 도대체 왜 생겨났으며, 이 세상이 도대체 왜 지금과 같은 모양으로 움직이고 있는지 명확히 이해하는 사람은 아직도 없지만, 하여튼 그 모든 세상이 다 자신의 지배 아래 있다고 생각한다면,

자신이 굉장히 중요한 사람이라는 기분을 느꼈을 것이다. 어쩌면 온 우주는 자신의 지배를 받기 위해 생겨난 것인지도 모른다. 그렇다면 나는 엄청나게 중요하고 굉장한 사람이 아닐까? 다른 그 누구와도 격이 다를 정도로 어마어마하게 위대하고 대단한 사람이 아닐까?

먼 옛날 누군가가 이 우주 전체를 만들었다고 상상해 보자. 그런데 그 우주 전체가 지금은 내 지배를 받고 있다. 그렇다면 나도 이 우주 전체를 처음 만들어 낸 그 누군가 못지않게 중요한 사람이라는 환상에 빠질 수 있다. 어쩌면 고대 사회의 제왕들은 그런 생각 때문에 세상 전체를 지배하는 위치를 차지하려고 다투었는지도 모르겠다. 자신이 우주 전체를 모조리 차지하는 엄청난 위치에 도달하는 것이 가능하다고 생각했던 시대였다. 그것이 우주 전체에 걸쳐 굉장히 의미 있는 일이고, 이 세상이 애초에 왜 생겨났는가를 고민하는 일과도 통한다고 믿었을 것이다. 그런 생각 속에서 그렇게 아등바등 수많은 목숨을 희생해 가며 전쟁을 치르고 서로 다툰 것 같다.

몇백 년의 세월이 지나지 않아 천하에 대한 고대의 생각은 깨어졌다.

중국 서쪽 중앙아시아에 있는 여러 나라에도 사람이 산다는 사실이 상세하게 알려졌으며, 그 사람들을 통해 인도, 중동과 유럽 지역과도 교류가 좀 더 활발히 이루어졌다. 진나라가 멸망하고 한나라가 들어선 후에는 중국인들도 한반도의 항구들을 거치면 일본까지 왕래할 수 있다는 사실을 잘 알게 되었다. 세상은 옛날 사람들이 천하라고 불렀던 곳보다 훨씬 더 넓은 곳이며, 그 넓은 세상에 상상 이상으로 다양한 문화를 가진 사람들이 살고 있다는 사실이 알려지게 되었다.

그렇다고 해도, 세상의 크기와 그 세상을 누군가 지배한다는 데 대한 사람들의 환상은 완전히 깨어지지 않았다. 몽골 제국의 칭기즈 칸은 중동과 유럽 문화권의 언저리에 속하는 지역과, 동아시아 문화권에 속하는 지역을 동시에 정복하는 일에 성공했다. 온 세상을 자기 손에 넣었다는 환상을 즐기지는 못했겠지만, 적어도 자신이 이해하고 있는 세상의 절반 즈음을 지배하는 데 성공했다고 생각했을 것이다. 그 정도라면, 역시 자신의 과업이 굉장히 중요한 일이며, 이 우주가 왜 생겨났으며, 하늘의 태양이 왜 뜨고 지는가 하는 거대한 문제도 자기 인생과 관련이 있는 듯한 환상에 빠질 정도는 되었을 것이다. 하늘의 태양이 뜨고 지는 이유는 세상을 비추기 위해서인데, 그 세상의 절반을 내가 차지하고 있으니 태양, 시간, 세월, 우주의 흐름 같은 근본적이고 어마어마

한 일들이 자신이라는 한 사람의 삶과 깊은 관련을 맺었다고 생각했을 것이다.

꼭 칭기즈 칸 같은 정복자가 아니라도, 좀 다른 방식으로 자신의 위업이 우주 전체에 결정적인 의미가 있다고 생각한 사람도 있었다. 예를 들어 마젤란 같은 탐험가는 배를 타고 지구를 한 바퀴 도는 계획을 세웠고 그 계획을 절반 정도 성공시켰으며 그의 부하들은 결국 그 계획을 완수했다. 이런 과업을 두고 당시 사람들은 온 세상, 우주 전체를 가득 채우는 뜻깊은 사업이라고 생각했다. 온 세상 전부를 직접 한 바퀴 돌아보는 데 최초로 성공한 사람이니, 어찌 보면 상상할 수 있는 세상의 모든 것, 우주 전체를 한번 느껴 보는 데 근접했다고도 할 수 있는 일이다. 이 정도면 우주 전체와 세상 전체에 가득 찰 정도의 의미가 있다고 말해 볼 수 있다.

자신이 갖고 있는 사상을 지구 곳곳에 퍼뜨리려고 노력한 사상가가 있다거나, 어떤 학문을 지구 전체 모든 나라에 알려 보려고 노력한 사람도 비슷한 방식으로 자신의 업적을 과대 평가했을 것이다. 자신의 노력이 온 세상, 온 우주에 어떤 중요한 것을 가득 채우는 일이라고 믿었을 것이다. 고대의 제왕들과 비슷하게, 자신이 지구 전체에 어떤 사상을 퍼뜨리면, 그것은 우주 전체에 자기가 따르고 있는 사상을 퍼뜨린 것이고, 그렇다면 먼 옛날 우주가 처음 생겨난 뒤 긴 세월이 흘러 마침내 자신의 사상이 온 우주에 퍼지면서 우주가 완성되었다거나, 우주 전체가 새로운 단계로 진입했다거나 하는 상상을 했을 것 같다. 그런 생각에 심취하는 사람이 나올 만한 상황이었다.

그런데 폴란드 출신의 천문학자 니콜라우스 코페르니쿠스는 16세기경에 한 가지 새로운 발견을 해냈다. ***그것은 바로 지구가 우주의 중심이 아니라는 발상이었다.*** 그의 발상이 세상 사람들 사이에 퍼져 나가는 데는 약간의 곡절이 있었지만, 코페르니쿠스의 발견은 끊임없이 사람들 사이에 퍼져 나가 마침내 진실로 판명되었다.

그전까지 많은 사람은 지구가 우주의 중심에 자리한 단 하나뿐인 중요한 곳이라고 믿었다. 그랬기 때문에, 지구 전체를 차지한다든가 지구 전체에 어떤 영향력을 미치는 것은 우주 전체에 큰 의미가 있다고 생각할 수 있었다. 그러나 지구 정도의 공간은 우주에 얼마든지 있을 수 있다는 이야기가 퍼져 나가게 되었다. 하늘 가운데 자리 잡아, 진시황이 지배하는 세상, 칭기즈 칸이 정복하는 세상, 마젤란이 돌아보는 세상을 비추는 것이

제 역할인 것 같았던 이글거리는 위대한 태양은 그냥 하고많은 별 중에 하나일 뿐이었다. 눈에 보이는 밤하늘의 별들은 수천 개나 되기 때문에, 우리말 표현 중에는 무엇인가 수가 많은 것을 두고 "밤하늘의 별처럼 많다"라는 말이 있을 정도이다. 세상 전체를 지배하겠다며 설쳐 대던 고대의 정복자들은 그렇게 많고 많은 별들 중에 겨우 어느 한구석을 차지하겠다고 아등바등한 것에 지나지 않았다.

그리고 갈릴레오 갈릴레이가 망원경으로 밤하늘을 관찰하면서, 세상에는 우리가 아는 것보다 더 많은 별이 있다는 사실이 드러났다. 그러면서 20세기 초까지, 사람들은 우리 주변에 보이는 별들이 은하계라는 별들의 무리를 이루고 있다는 사실을 알아냈는데, 이 은하계라는 곳에는 무려 1,000억 개에 가까운 별들이 있다고 한다. 그러니까 우리 지구를 비추고 있는 태양과 같은 것이 우리 은하계 안에 1,000억 개가 있다는 이야기다. 태양과 지구는 그 1,000억 개 별들의 무리 중에서 딱히 중심에 있는 것도 아니고 어떤 묘한 위치를 차지하고 있지도 않다. 그냥 1,000억 개의 별들이 모여 있는 끝도 없는 흐름 중에서 특별할 것 없는 위치에, 잘 눈에 뜨이지도 않게 놓여 있을 뿐이다.

20세기 초, 미국의 천문학자 에드윈 허블은 세상에 우리가 사는 태양과 지구가 포함된 은하계만 있는 것이 아니라 그 바깥에 또 다른 은하계가 있다는 사실을 확인했다. 그러니까 우리가 눈으로 볼 수 있는 빛나는 별들의 모임인 우리 은하계, 1,000억 개의 별 말고 그보다 훨씬 멀리 떨어진 곳에 다른 은하계라는 또 다른 별들의 모임이 더 있다는 이야기다. 다른 은하계 속에는 역시 1,000억 개쯤 되는 별들이 더 있다. 그런 은하계가 한두 개만 있는 것도 아니다. 사람들은 계속해서 세상에 더 많은 은하계들이 있다는 사실을 알아냈다. 결국 우리가 사는 세상에는 몇백억 개, 몇천억 개쯤 되는 별들이 모인 은하계라는 덩어리도 대단히 많이 널려 있다는 사실이 밝혀졌다.

현대 과학 기술로 우주에 띄워 놓은 망원경은, 아무것도 없어 보이는 허공을 오랜 시간 촬영해 확대한 사진을 찍을 수 있다. 이 사진을 정밀히 살펴보면, 제대로 빛나는 별 하나 없어 보이는 검은 밤하늘에조차도, 너무 멀리 있어서 희미하게 보이는 많은 은하계가 이리저리 흩어져 있다는 사실이 극적으로 드러난다. 이런 사진 중에 허블 디프 필드(Hubble Deep Field)라는 사진이 유명한 편인데, 이 사진을 보면 수백억, 수천억 개의 별들이 모여 있다는 은하계라는 별들의 덩어리도 마치 하늘에 흩뿌려 놓은 작은 점처럼 보일 뿐이다.

SHI MOO

과학자들의 추론에 따르면, 우리가 알 수 있는 세상 속에는 이런 은하계가 적어도 천억 단위로, 많게는 몇십조, 몇백조 개가 있다고 한다. 이런 정도의 수라면, 세상에 있는 은하계의 수는 넓게 펼쳐진 바닷가 모래밭의 그 모든 모래알의 개수와 맞먹을 정도로 많다고 봐야 한다. 세상에는 모래밭의 모래알처럼 많은 은하계가 있다. 그리고 우리가 사는 지구와 태양은 그 모래밭에서 모래알 하나를 들어서 1,000억 개로 나눈 작은 조각 하나 정도에 해당한다.

어떤 철학자들은 이런 사실이 너무 무섭다고도 하고 또 너무 허무하다고 말하기도 한다. 그러고 보면 자기가 아는 좁은 세상이 우주 전부인 줄 알았던 고대의 임금들은 그토록 작디작은 부분의 땅을 얼마나 차지하느냐 마느냐가 온 우주의 운명이 달린 일이라고 생각했겠지만, 거창하게 자신의 의미를 과시하며 날뛰어 봐야, 그것은 우주 전체와는 아무 상관 없는 일이었다.

20세기 후반에 발견된 최신 연구 결과에 따르면 그 많은 은하계가 퍼져 있는 우주 전체라는 거대한 시공간은 암흑 에너지라는 것의 힘을 받아 대단히 빠른 속도로 점점 커져 가고 있다고 한다. **진시황의 천하 통일이나, 칭기즈 칸의 세계 정복을 향한 꿈은 암흑 에너지가 우주 전체를 부풀리고 있는 위력에는 아무런 영향을 미치지 못한다.** 해

변 풍경을 온통 바꾸어 놓는 강력한 태풍과, 해변 모래알 하나를 1,000억 개로 나눈 작은 티끌의 차이보다도 훨씬 더 큰 차이다.

이렇게 생각해 보면 이 세상, 이 우주 전체 앞에서는 사람이 아웅다웅하며 인생을 사는 중에 무슨 일이 생기건, 그것이 세상을 뒤흔드는 놀라운 일도 아니고 반대로 세상이 무너지는 충격적인 일도 아니다. 아무리 위대한 사람이건, 아무리 비참한 사람이건 우주 전체의 흐름 앞에서는 별 차이가 없다. 우리의 삶이란, 이 작은 행성에 태어나서 기왕에 사람이라는 좀 특별한 습성을 가진 동물로 지내게 되었으니, 서로 간에 재미있고 정답게 살 수 있게 같이 도우려고 애쓰는 정도면 충분한 것 아닌가 싶다.

살다 보면, 내가 싫어하던 친구가 나중에 성공해서 나보다 연봉을 많이 받아서 배가 아플 수도 있고, 긴 시간 공을 들인 일이 끝끝내 실패해서 허망한 기분이 들 때도 있다. 그것은 사람다운 일이다. 사람으로서 확실히 중요한 일일 수도 있다. 하지만 어디까지나 이 넓은 세상의 영원과 같은 긴 역사 속에서 사람이라는 동물로 살아 있는 동안에 잠깐 드는 기분일 뿐인 것도 사실이다. ***그런 몇 가지 일 때문에 이 우주, 온 세상 전체가 갑자기 불행한 곳이 되는 것도 아니고, 우주가 갑자기 비정하고 잔혹한 곳이 되는 것도 아니다.*** 그런 정도의 일이라는 것을 밝은 눈으로 돌이켜 볼 수 있다면, 세상일이 힘들고 지칠 때 조금 더 느긋한 마음으로 다시 도전해 보면서, 삶의 재미를 찾아 나갈 수 있을 거라고 생각한다.

뭐가 건강에 좋더라는 광고를 제대로 이해할 수 있다 8

『동의보감』은 16세기 조선의 학자들이 갖고 있던 약, 독성, 생물학, 의학에 대한 지식의 요점을 잘 정리해 놓은 책이다. 이 책을 뒤적여 보면 '비상'이라는 약에 대한 내용도 한쪽에 실려 있다. 사극을 즐겨 보거나 옛이야기를 많이 읽어 본 사람에게는 친숙한 약일 것이다.

비상은 과거 독약으로 흔히 사용하던 물질이다. 당연히 『동의보감』에도 비상은 큰 독이라고 적혀 있다. 그런데 괴상한 것은 식초에 녹인 후 끓여 아주 묽게 만들어서 쓰면 간혹 병을 치료하는 데에도 사용할 수 있다는 언급이 덧붙어 있다는 것이다.

얼핏 보면 황당한 소리 같다. **사람의 목숨을 빼앗는 독약을 어떻게 사람을 치료하는 용도로 사용할 수 있다는 말인가?**

화학이 발달한 현대에 분석해 본 바에 따르면, 비상에는 비소 성분이 포함되어 있고, 그 때문에 사람의 목숨을 빼앗는 독성을 띠게 된다고 한다. 그런데 요즘에도 아주 소량의 비소 화합물을 잘 가공해서 희귀한 병을 치료하는 데 쓰는 방법이 확인되어 있다. 다시 한번 강조하지만, 비소는 잘 모르는 사람이 함부로 먹으면 목숨을 잃을 수 있는 독약임이 명백하므로 아무나 비소를 가공해서 먹어서는 절대 안 된다. 하지만 기술을 갖고 있는 사람이 소량만 잘 처리해서 적절한 상황에 활용한다면 목숨을 구하는 용도로 비소를 쓸 수도 있다. 그러니까 어떻게, 얼마나 사용하느냐에 따라 같은 물질이 독이 될 수도 있고 약이 될 수도 있다는 뜻이다.

『동의보감』이 발간되던 것보다 조금 앞선 시기, 유럽에서 활동하던 화학자로 테오프라스투스 필리푸스 아우레올루스 봄바스투스 폰 호엔하임이라는 인물이 있었다. 이름이 너무 길어서인지 보통 파라셀수스라는 별명으로 널리 알려진 전설적인 화학자다.

이 화학자가 전설적인 까닭은 온갖 전설에 자주 등장하기 때문이다. 파라셀수스는 재주가 굉장히 뛰어났기 때문에, 별별 놀라운 약을 만드는 기술을 개발해 냈다고 한다. 옛 유럽 사람들 사이에는 그가 연금술에서 굉장한 성공을 거두었다는 소문도 돌았던 것 같다. 즉, 쓸모없는 금속을 황금으로 바꾸는 비법을 개발해 냈을 것 같아 보일 정도로 놀라운 솜씨를 지닌 화학자가 파라셀수스다.

현대에도 파라셀수스가 남긴 말 한마디는 대단히 유명해서 학자들 사이에 널리 퍼져 있다. 정확한 번역은 아니지만, 대강 뜻을 옮겨 보자면 이런 말이다.

"어떤 물질이 독이 되느냐 아니냐 하는 것은 그 물질을 사용하는 용량에 달려 있다."

현대의 화학자들 중에 파라셀수스의 황금 만드는 비법을 진지하게 공부해 보려는 사람은 없을 것이다. 하지만 물질의 독성에 대해 그가 남긴 이 말은 아직까지도 많은 사람에게 교훈을 주며 입에 오르내리고 있다. 약학이나 의학, 독성학이나 화학물질 안전에 대해 배우는 사람들은 모두 이 말을 한번쯤은 들어 보았을 것이다. 그만큼 변하지 않는 진리에 가까운 말이다.

모든 물질은 그 양이 너무 많아지면 그만큼 사람 몸에 해를 끼칠 가능성이 높아진다. 예를 들어 깨끗한 물이라도 너무 많다면 몸에 해로울 수 있다. 물이라면 순수하고 좋은 물질이라는 느낌이 든다. 그러나 맹물도 몸에 흡수된 양이 지나치게 많아지면 몸속에 꼭 필요한 물질의 농도가 낮아지게 되고 그러면 몸속에서 꼭 일어나야만 하는 화학 반응이 제대로 일어나지 않게 된다. 극단적으로, 사람이 물을 지나치게 많이 마시면 그 때문에 목숨을 잃을 수도 있다.

파라셀수스의 말대로, 어떤 물질이 몸에 해롭다, 몸에 좋다라는 것은 어떤 사람에게 그 물질이 어떤 경로로, 얼마나 들어오느냐에 달려 있다. 원래부터 아주 좋은 물질이라거나 원래부터 아주 나쁜 물질 같은 것은 거의 없다. 우리는 세상만사를 쉽고 단순하게 생각하려는 경향이 있기 때문에, 세상에는 천사들의 편인 선하고 좋은 것들과, 악마들의 편인 악하고 나쁜 것들이 있다는 식으로 뭐든 둘로 쪼개 볼 때가 많다. 그렇지만 대부분의 물질은 그렇지 않다. 같은 물질도 어떤 때에 어느 정도의 용량인 경우에는 나쁘고, 다른 때에 다른 용량인 경우에는 좋은 사례가 많다.

그러므로 아무리 몸에 좋다고 선전하는 제품이라고 하더라도 너무 많이 먹으

C
VITAMIN
…….

면 오히려 몸에 해로운 영향을 끼칠 수 있다. 이렇게 사연이 복잡하니 어떤 것이 정말로 몸에 좋은지, 해로운지 세심하고 객관적인 기준으로 잘 따져 볼 필요가 있다.

비슷하지만 살짝 다른 이야기로 이런 상황을 상상해 보자.

어느 날 프랑스의 한 학자가 빨간색 티셔츠는 너무 나쁜 것이라고 주장하기 시작했다고 치자. 이 학자는 빨간색은 악마의 색깔이며 또한 피의 색깔이고 하다못해 신호등에서도 금지와 정지를 나타내는 부정적인 색깔이라고 주장한다. 그러므로 빨간색 티셔츠를 자식에게 입히는 것은 악마의 색깔로 자식을 치장하는 사악한 행위라고 역설한다. 좀 과격한 듯하지만 몇몇 사람들 사이에서 그의 주장은 점차 힘을 얻는다.

얼마 후, 빨간색 티셔츠 반대 주장은 프랑스에서 더욱 큰 인기를 얻게 된다. 왜냐하면 프랑스에는 파란색 티셔츠를 생산하는 대기업이 있기 때문이다.

원래 그 프랑스 대기업은 전 세계를 상대로 빨간색 티셔츠를 팔아서 큰 이익을 남기던 회사였다. 그런데 최근 한국, 일본, 중국 회사들의 기술이 빠르게 성장하면서 이제 이들 회사가 빨간색 티셔츠를 더 잘 만들게 되었다. 그러므로 프랑스 회사는 빨간색 티셔츠를 팔아서는 이들 회사를 경쟁에서 이길 수 없다. 반면에 파란색 티셔츠를 생산하는 기술은 아직 프랑스 회사만 갖고 있다. 특허권을 비롯한 몇 가지 권리로 파란색 티셔츠 생산을 독점할 수도 있다. 그러므로 빨간색 티셔츠가 인기를 잃고 파란색 티셔츠가 인기를 얻으면 프랑스 회사는 한국 회사, 일본 회사를 제치고 다시 이익을 얻을 수 있다.

그런 정황 때문에 프랑스에서 빨간색 티셔츠를 싫어하는 사람들은 점점 더 많아진다. 빨간색 티셔츠를 입는 것은 정신 나간 짓이고 악마에게 영혼을 파는 짓이라고 부르짖는 단체나 협회도 생겨난다. 마침내 프랑스에서는 빨간색 티셔츠가 법으로 금지된다. 파란색 티셔츠를 잘 만드는 프랑스 회사는 막대한 이익을 본다. 프랑스에 빨간색 티셔츠를 수출하기 시작한 한국 회사, 일본 회사, 중국 회사는 돈을 벌 길이 막힌다.

프랑스에서 먼저 빨간색 티셔츠 금지가 시행되자, 거기에 영향을 받아 독일, 네덜란드, 영국도 비슷한 조치를 검토하기 시작한다. 서유럽 선진국인 프랑스, 독일, 네덜란드, 영국은 산업구조, 기업들의 발전 상태, 갖고 있는 기술 수준이 비슷비슷한 경우가 많다. 즉 독일 회사, 네덜란드 회사, 영국 회사도 빨간색 티셔츠 생산 기술은 한국과 일본 회사들에게 밀리지만 파란색 티셔츠 생산 기술은 앞선 경우가 많다는 뜻이다. 곧 이들 나라 정부도 프랑스와 같이 빨간색 티셔츠를 금지한다. 그 때문에 한국, 일본, 중국 회사들의 수출 길은 더욱 막힌다.

다음 단계는 무엇일까? 프랑스 회사는 독일, 네덜란드, 영국과 함께 역으로 한국인들에게 비슷한 말을 퍼뜨리기 시작한다. 한국에서 대량으로 만들어서 입고 다니는 빨간색 티셔츠가 얼마나 나쁜 것인 줄 아냐고. 프랑스, 독일, 네덜란드 등등의 여러 선진국은 빨간색 티셔츠를 아예 법으로 금지했는데, 그 사악한 것을 한국인들은 여전히 입고 다닌다는 말이 퍼져 나간다.

곧 한국인들 중에도 그 주장에 동조하는 사람들이 생긴다. 선진국들은 빨간색 티셔츠를 벌써 금지했는데 한국 정부는 왜 빨간색 티셔츠를 관리하지 않고 있냐고 항의하는 사람들이 나타난다. 실제로 정부 담당자들이 살펴보니 유럽 선진국들 중에는 빨간색 티셔츠를 금지한 나라가 많은 편이다. 정부 담당자들도 조금씩 흔들리기 시작한다.

이런 식으로 흘러가다 보면, 결국 한국 정부도 빨간색 티셔츠를 금지하게 된다. 한국인들은 이제 유럽에서 파란색 티셔츠를 수입해서 입을 수밖에 없다. 한국 회사들은 유럽 회사들에 기술료, 특허료를 주면서 파란색 티셔츠를 만들 수 있게 해 달라고 부탁해야 한다.

무엇인가가 몸에 좋다, 안전하다, 해롭다, 위험하다를 따지는 문제에서는 이런 엉뚱한 일이 종종 일어날 수가 있다. 그렇기 때문에 무엇이 얼마나 해로운지, 안전한지를 따질 때에는 정교한 과학 기술의 방식을 잘 사용해서 그 정도를 면밀히 분석한 뒤에 결론을 내려야 한다. 만약 그런 지식이 없다면 적당히 꾸며 낸 "몸에 좋은 무슨 물질"이나 "몸에 해롭다는 무슨 성분" 같은, 몇 가지 기분을 건드리는 말에 따라 사실은 삶에 별 도움도 안 되고, 오히려 해만 끼칠 결정을 내리게 될 수도 있다.

나는 정부와 공공 기관이 적극적으로 나서야 한다고 생각한다. 위험성과 안전성에 관한 판단의 책임을 다른 누군가에게 떠넘기기보다는 정부와 공공 기관이 책임지고 더 깊이 분석하고 더 종합적인 결론을 내리기 위해 노력하는 것이 바람직하다. 이런 문제가 혹시 잘못되면 정부 담당자가 책임을 덮어쓸 텐데, 그건 싫으니까, 그냥 다른 선진국들하고 비슷하게 조치하고 '우리도 다른 나라처럼 했다'고 둘러대면 욕은 안 먹을 거라는 식으로 막연히 따라갈 일은 아니다. 그보다는 당국에서 전문가들을 육성해 스스로 객관적인 결론을 최대한 얻어 내야 한다.

위기의 순간에 목숨을 구할 수 있다

9

어떤 사고를 당해서 정글 같은 곳에 떨어졌다고 해 보자. 방향도 전혀 알 수 없고 위치도 모른다.

우선 낮 시간이라면 방향을 아는 것은 그다지 어렵지 않다. 해는 동쪽에서 떠서 서쪽으로 지기 때문에, 가만히 있으면서 햇빛이 드는 방향이 어디서 어느 쪽으로 바뀌어 가는지 살펴보면 된다. 시간의 흐르면서 해가 움직여 가는 방향이 서쪽이고, 원래 해가 있던 방향이 동쪽이다.

하늘의 해가 움직이는 것을 느껴 보라니, 너무 지루하고 귀찮은 방법이라고 생각할지도 모르겠다. 그렇지만 간단한 천문학 지식만 있어도 이것이 생각보다 할 만한 일이라는 것을 알 수 있다. 지구는 하루에 한 바퀴를 돌고 그 때문에 해가 뜨고 진다. 한 바퀴는 360도이고, 하루는 24시간이니 1시간에 지구는 15도 각도를 움직인다는 계산이 나온다. 그러므로 상황에 따라 조금씩 차이는 있겠지만 태양 역시 1시간을 기다리면 15도 각도만큼 움직인다. 이만하면 방향을 가늠해 볼 만한 차이이다. 만일 2시간을 기다리면 햇빛이 비치는 각도가 30도만큼 변하게 되므로 어지간한 사람이면 그 방향 차이를 알아볼 수 있다. **즉 2시간만 유심히 햇빛을 지켜보면 동서 방향을 알 수 있다.** 동쪽이 오른쪽, 서쪽이 왼쪽에 오도록 서면 앞쪽이 북쪽이고 뒤쪽이 남쪽이 된다. 보통 우리가 지도를 펼쳐 놓고 보는 방향과 같아진다.

만약 밤이라면 어떻게 해야 할까?

역시 느긋하게 하늘을 지켜보면 된다. 밤하늘의 달을 보면서 비슷한 방식으로 가늠해 볼 수 있다. 혹시 달이 어느 쪽에서 떠서 어느 쪽으로 지는지 잘 기억나지 않는다면 해, 달, 별이 뜨고 지는 원리를 생각해 보면 된다. 해든 달이든 별이든 하늘에 떠서 움직이다가 지는 것은 모두 지구가 돌기 때문에 일어나는 일이다. 밤이라고 해서 지구가 도는 방향이 갑자기 바뀌지는 않는다. 그러니 달이 뜨는 방향도 해가 뜨는 방향과 그대로 같아야 한다. **달이나 별도 동쪽에서 떠서 서쪽으로 진다.**

여기에 더해서 별들의 움직임을 가만히 쳐다보면서 그 별들이 어느 별을 중심으로 도는지 지켜보는 방법도 있다. 유심히 살펴보면, 하늘의 많은 별들은 어느 한 별을 정해서 그 별을 중심으로 돌고 있는 것처럼 보인다. 그 별이 바로 북극성이다. 그리고 북극성이 있는 쪽이 당연히 북쪽이다. 옛사람들은 북극성이 모든 별의 왕 같은 것이기 때문에 다른 별들이 그 별을 중심으로 돈다고 상상했다. 밤하늘을 그린 고구려의 벽화를 보면, 세 개의 별이 연결된 강조된 모양으로 북극성을 특별하게 표시하기도 했다.

근대 천문학을 알고 있는 우리들은 하늘의 별들이 한 점을 중심으로 도는 것은 지구가 둥글게 생겼고 그 중심점이 지구가 도는 축 방향에 있기 때문이라는 점을 이해하고 있다. 쉽게 말해 별들이 도는 것은 지구가 도는 것 때문에 일어나는 일이고, 그 돌아가는 중심은 지구의 북극 방향이라고만 이해해도 좋다. 중요한 결론은 북극성이 별들의 왕은 아니라는 것이다. 우연히 지구가 돌기 때문에 생기는 현상의 중심 위치에 자리 잡은 별이 하나 있어서 예로부터 그 별을 북극성이라고 부를 뿐이다.

그러므로 밤하늘에서 북극성을 찾지 못한다고 해도 당황할 필요는 없다. 설령 북극성이 없더라도 어떤 점을 중심으로 하늘의 별들이 돌고 있다는 것은 알아낼 수 있을 것이다. **북극성도 보이지 않고, 북두칠성이나 오리온자리의 삼태성, 카시오페이아자리같이 한국인들이 쉽게 알아볼 수 있는 별들이 하늘에서 보이지 않는다면, 하늘의 별들이 돌고 있는 중심점은 북극 방향이 아니라 남극이라고 봐야 한다.** 그러니까 만약 그런 밤하늘이 보인다면, 나는 지구에서 북극성을 볼 수 없는 구역인 남반구에 와 있다는 뜻이다. 내가 서 있는 곳은 아프리카 대륙 남쪽, 오세아니아, 또는 남아메리카 대륙의 어디일 것이다. 최악의 경우에는 남극 대륙일지도 모른다.

북극성이나, 하늘의 남극 방향을 찾았다면 그 위치가 하늘에서 얼마나 높은지 잘 살펴보자. 북극성이 떠 있는 위치는 내가 지구의 어디에서 하늘을 바라보고 있느냐에 따라 다르게 보이기 때문이다. 만약 북극성이 지평선 위에 살짝 떠 있어서 땅에 가까워 보이는 낮은 곳에 걸쳐 있다면 그것은 나의 위치가 적도에 가까운 남쪽 지역이라는 뜻이다. 인도네시아나 뉴기니, 콩고나 에콰도르 같은 곳일 수 있다는 뜻이다. 반대로 북극성이 하늘 높이 머리 꼭대기에 있어서 바로 내 머리 위로 올려다보이는 위치에 있다면 내가 서 있는 곳은 북극에 가깝다는 이야기다.

핀란드의 북쪽이나 캐나다, 미국의 북쪽 지역, 또는 시베리아의 툰드라 지역에 가까운 곳일 수 있다. 북극성 대신 하늘의 남극 방향이 보인다면 마찬가지 방식으로 내 위치가 얼마나 남극에 가까운지를 알 수 있다.

내 위치와 방향을 대충 짐작하는 데 성공했다면, 이제 어디로 가야 사람이 있는 동네로 갈 수 있는지, 어느 방향으로 가야 구조될 가능성이 높은지 대략 짐작할 수 있을 것이다. 그러면 지금 위치에 머무르면서 차분하게 구조를 기다리며 버티는 것이 나을지, 아니면 생존 가능성이 더 높은 곳을 찾아 어떤 방향으로든 걸어가 보는 것이 나을지 결정할 수 있을 것이다. 정확하게 판단한다면 생존 가능성을 높일 수 있다.

야생에 내던져졌을 때, 방향을 아는 것 못지않게 중요한 일이 있다. 몸을 다쳤다면 응급 처치 방법을 떠올려 최소한의 치료를 해야 할 것이고, 그게 아니라면 일단 먹을 수 있는 물을 구해야 한다.

사람의 몸이 어떻게 움직이는가에 대한 생물학 지식을 갖추고 있다면, 물이 얼마나 중요한지 알 것이다. 물 없이는 이틀에서 사흘 정도를 버틴다면 잘 버틴 것이다. 걷거나 일을 하는 바람에 땀을 흘린다면 물이 더 부족해지므로 버틸 수 있는 시간은 더 줄어든다. 게다가 이틀이나 사흘을 버틴다는 것도 어디까지나 그저 목숨을 부지할 수 있다는 이야기다. 만약 체력이 부족하면 목숨은 붙어 있지만 아무 일도 하지 못하는 상태로 쓰러져 있게 될지도 모른다. **그러므로 당장 위급한 일이 없다면 잘 곳을 찾거나 먹을 것을 구하거나 불을 피우는 일보다도 우선 물을 찾는 데 집중해야 한다.**

물을 구했다면 다음에는 쉴 곳과 함께 불을 피울 생각을 해야 한다. 불을 일으키는 화학 반응에 대한 지식이 있다면, 구석기 시대 우리의 조상들이 했던 것처럼 나뭇가지를 비벼서 불을 피우는 것은 대단히 어렵다는 사실을 짐작할 수 있다. 그러니 가능하다면 좀 더 쉬운 방법을 찾아야 한다. 렌즈로 사용할 수 있는 유리나 투명 플라스틱이 있다면 까만 물건에 햇빛을 집중해서 태워 보는 것이 나무를 비비는 것보다는 쉬운 방법이다. 만약 배터리를 갖고 있다면 전기가 통하는 물질을 가늘게 만든 뒤에 배터리로 많은 전류를 흐르게 해서 전기의 힘으로 열을 만들어 불을 붙이는 것이 더욱 쉬운 방법이다. 평소라면 무척 위험한 일이겠지만, 방전되어 쓸모없는 휴대 전화 배터리가 있다면 배터리를 일부러 망가뜨리면서 화재를 일으키는 것도 시도해 볼 만한 방법이다.

이외에도 위기의 순간에 목숨을 구할 수 있는 과학 기술 지식은 많다. 어쭙잖게 독버섯이 아닌 먹을 수 있는 버섯을 찾으려 드는 것은 위험하다는 지혜도 유용하고, 몇 가지 곤충이나 풍뎅이, 애벌레 같은 것들은 별로 오래지 않은 옛날에 사람들이 종종 먹던 재료이기 때문에 잘 골라서 요리하면 식량이 될 수 있다는 사실도 유용하다. 물은 끓여서 먹어야 더 안전하다는 사실이나, 몇 달 이상 오래 버티기 위해서는 고기만 구워 먹을 것이 아니라 비타민을 얻을 수 있는 과일이나 채소나 아니면 다른 무슨 재료라도 먹어야 한다는 점도 생존에 필요한 지식이다.

물론 과학 지식이 많다고 해서 야생에서 쉽게 생존할 수 있다는 이야기는 아니다. 머리로만 기억하는 과학 지식 몇 가지보다, 하나라도 손에 익어서 익숙한 기술을 갖추는 일이 훨씬 유용할 때가 많다. 기술 몇 가지를 익힌 것 못지않게 기초 체력이 튼튼해서 몸이 병들지 않은 채 오래 버틸 수 있는 것도 생존에는 유리할 것이다. 또 절망과 공포에 질리지 않고 차근차근 살아남을 확률을 높여서 마지막 순간까지 포기하지 않고 버티겠다는 굳은 마음도 무척 중요하다고들 한다.

그러나 만약 다른 조건이 비슷하다면, 역시 과학 기술 지식을 많이 갖추고 있

는 편이 살아남는 데는 더 유리하다. 특히나 과학 기술을 많이 접하고 응용해 보았다면 한 가지 지식을 응용해서 다른 문제를 해결할 방법을 찾아가는 풀이법에 익숙할 것이다. 그렇다면 위기의 순간, 예측할 수 없는 환경에서도 새로운 해답을 좀 더 잘 찾아낼 수 있다.

1980년대에 세계적으로 유행했던 미국 티브이(TV) 시리즈 '맥가이버'는 주인공 맥가이버가 과학 기술 지식을 이용해 위기를 헤쳐 나가고 살아남는 이야기를 줄기차게 보여 주는 것이 그 핵심 내용이었다. '맥가이버'의 방송이 끝난 지도 어느새 30년이 다 되어 가고 요즘에는 맥가이버가 누구인지 기억하는 사람도 예전만큼 많지 않다. 그런데도 맥가이버의 활약이 어찌나 깊은 인상을 남겼는지, 여러 도구가 하나의 주머니칼에 들어 있는 스위스 아미 나이프를 아직도 한국에서는 흔히 '맥가이버 칼'이라고 부른다. 그만큼 과학 기술 지식을 이용해 위기의 순간에 생존해 나가는 모습이 사람들에게 어떤 본능적인 통쾌함과 감동을 주었기 때문은 아니었나 싶다. 지식을 이용해 거친 자연 속에서 살아남는 방법을 찾는 것은 먼 옛날, 사람이라는 동물이 처음 생겨난 이후 다른 동물과 달리 익혀야만 했던 독특한 재주였다.

높으신 분의 분노를 더 깊이 이해할 수 있다

10

세상을 살다 보면 이해할 수 없는 이유로 주변 사람을 다그치고 화를 내며 짜증을 부리는 사람을 만나게 될 때가 있다. 그 사람이 흔히 말하는 '높으신' 분에 해당한다면 많은 사람의 삶이 그만큼 불행해지기 마련이다.

아마도 그 사람은 자신이 화를 내는 이유를 제 나름대로 길게 설명할 것이다. 훌륭한 사람이라면 과연 화를 낼 만한 문제에 화를 냈을 것이고, 그 문제를 풀기 위해서는 어떻게 대처하라고 분명히 밝혀 이야기해 줄 것이다. 그러나 세상에 훌륭한 사람만 있는 것은 아니다. 사람마다 생각은 다르겠지만, 훌륭한 사람이 아주 흔하지만은 않은 것 같다. 별로 안 훌륭한 사람이 화를 내며 길길이 날뛰는 일도 적지 않다는 이야기다. **그렇다면 그 사람이 설명하는, 화를 내는 원인이라는 것이 사실 틀렸을 가능성은 충분하다.** 그 사람이 자기 입으로 말하는 해결책이 문제를 해결할 수 있는 답이 아닐 가능성도 높다.

어느 높으신 분이, 요즘 젊은 세대는 다들 부모가 너무 오냐오냐하면서 키워서 모두 이기적이고 남 생각을 할 줄 모르고 자기가 대단하다고 착각하는 것이 문제이며, 그 때문에 협동을 못하며 사회에 적응할 줄 모른다고 욕하며 소리 지르고 있다고 치자. 그 높으신 분은 사람이라면 마땅히 사회에서 다른 사람과 어울려 살면서 지키고 따라야 할 도리가 있는 법인데, 요즘 젊은 세대는 기죽지 말라는 소리 따위나 들으면서 자라났기 때문에 그 도리를 배우지 못해 제대로 된 인간이 못 되었다고 주장할 것이다. 이런 설명에 따르면, 요즘 젊은 세대는 인터넷이나 컴퓨터를 다루는 지식은 조금 더 뛰어날지 모르지만, 성격이 비뚤어졌을 것이고, 다른 사람과 정상적으로 소통할 수 있는 이해력도 갖고 있지 못하다.

만약 그 정도 이야기가 높은 사람이 화내는 내용의 전부라면, 나는 그런 내용은 절반 이상은 무시해도 좋다고 생각한다.

요즘 젊은 세대는 잘못된 교육을 받아서 정상적인 인간으로 자라지 못했다는 말은 괴상한 생각이다. 젊은 세대에 비해 앞선 세대는 지금보다 훨씬 더 학교에서 폭력이 많던 시대에 자라났다. 학생들끼리 주먹질을 하는 일뿐만 아니라, 학생을 가르친다는 구실로 교사가 학생을 구타하는 일이 흔했다.

2001년에 나온 영화 「친구」에는 시험 성적이 낮은 학생들을 줄 세워 놓고 교사가 "느그 아부지 뭐하시노?"라는 말로 부모를 들먹이면서 뺨을 철썩철썩 때리는 장면이 나온다. 이 영화가 좀 살벌한 내용이라는 점은 감안해야겠지만, 나는 적지 않은 앞선 세대 사람들이 이 장면에 어느 정도 공감했던 것으로 알고 있다. 그러니까 앞선 세대는 시험 성적이 안 좋다는 이유로 교사가 학생들의 뺨을 때리는 일을 있음 직한 일로 받아들이는 문화 속에서 자라났다. 그런 분위기에서 교육을 받으며 감정이 성숙했고 정서가 함양된 사람들이 앞선 세대다.

그렇게 자라난 앞선 세대가 과연 요즘 젊은 세대들보다 바르고 옳은 교육을 받았다고 할 수 있을까? 그런 앞선 세대가 남을 정말로 잘 이해할 수 있는 사람들이니, 그 사람들 기준으로 생각하는 것이 옳다고?

어떤 문제나 갈등이 생겼을 때 정도의 차이는 있지만 사람은 누구나 자기 편을 들고, 상대방이 잘못했다고 생각하는 경향이 있다. 심지어 "이게 다 내 잘못이지."라고 소심하게 부정적으로 생각하곤 하는 울적한 사람조차, 그게 다 자기 잘못이라는 사실 자체를 견디기 어렵기 때문에 울적해지는 경우가 많다. 그나마 착한 사람들이 눈에 뜨이는 것은 그런 경향을 어느 정도 극복하려고 노력할 줄 아는 사람들이 있기 때문이다.

반대로 이야기하자면, 적지 않은 사람들은 문제가 생겨서 일이 잘못되었을 때, 자기 때문이라고 정확하게 보고 싶어 하지 않는다. 그 대신 다른 사람에게서 원인을 찾으려고 든다. 아마도 다른 사람에게 화를 내면서 날뛰어도 된다고 생각하는 비뚤어진 심성으로 긴 인생을 살아온 높으신 분이라면 그런 꼬인 성향도 뚜렷하게 드러날 것이다.

그렇기 때문에 그 사람이 말하는 문제의 원인이나 화를 내는 이유는 잘못된 것일 가능성이 높다. 그 사람은 아마도 요즘 세상이 왜 이따위인지 모르겠다고, 이 모든 것이 어떤 나쁜 놈들 때문이나, 정치를 잘못하는 사람들 때문이라고 할지도 모른다. 컴퓨터 게임 때문에 젊은 사람들의 정신이 망가지고 있으며 텔레비전 프로그램이 문제라고 길길이 날뛸지도 모른다.

이 사람의 불타오르는 분노를 완전히 해소해 주려면, 텔레비전 프로그램을 이 사람 구미에 맞게 검열하고 컴퓨터 게임은 모두 폐지하며, 그 대신 모든 사람의 여가 활용은 이 사람이 제일 상석에 앉는 회식 모임을 새벽 세 시까지 하면서 술을 마시는 것 한 가지밖에 없는 세상을 만들어야 할 수도 있다.

당연히 이는 진정한 해답이 아니다.

사람이 화를 내는 직접적인 이유는 뇌 속에 들어 있는 뇌세포들이 화를 낸다는 결과가 나오도록 서로 전기 신호를 주고받고 있기 때문이다. 사람 신경의 전기 신호는 주로 소듐과 포타슘 이온의 농도, 그러니까 옛날식으로 말하면 나트륨과 칼륨 이온의 농도에 의해 결정된다. 그렇게 따져 보면, 사람들이 화를 내는 까닭을 분석해 보면 마지막 단계에서는 소듐과 포타슘 이온의 농도가 어느 한쪽으로 쏠렸기 때문이라고 요약해 볼 수 있다.

대체로 사람의 몸속에 세로토닌 같은 몇 가지 화학 물질이 부족하면, 그 물질들이 호르몬 역할을 제대로 못 하기 때문에 뇌 속에서 화학 반응이 평범하게 일어나지 못하게 된다. 그러면 사람은 갑자기 기분이 이상해지기도 하고 과도하게 슬퍼하거나 화를 내게 되기 쉽다. 정확한 이야기는 아니지만, 일설에 따

르면 이런 호르몬 물질이 몸에서 충분히 생겨나려면, 그런 화학 물질들의 재료가 되는 트립토판이라고 하는 아미노산 성분이 몸속에 충분해야 한다고 한다. 반대로 이야기하면 트립토판을 충분히 먹지 않은 사람은 몸속에서 호르몬 역할을 하는 화학 물질이 잘 생겨나지 않게 되고, 그러면 뇌 속의 신경 활동도 제대로 일어나지 못한다. 그래서 갑자기 화를 벌컥 내는 이상한 성격을 보이게 될 수 있다는 이야기다.

어떤 높으신 분이 우리나라의 젊은 세대들은 완전히 썩어서 가망이 없고, 우리 사회는 엉망이므로 모두 갈아엎어야 하고, 자기 부하들은 정신 상태가 글러 먹었기 때문에 개조해야 한다면서 목소리를 높이는 이유는, 단지 트립토판 부족으로 그 사람의 뇌가 제대로 돌아가지 못하고 있기 때문일지도 모른다. 이 높으신 분은 아마 젊은 세대는 이 사회에서 포기해야 한다고 주장하며, 자기가 싫어하는 사람들은 다 감옥에 가두어야 하고, 자기 부하들은 해병대 캠프 같은 곳에 보내서 극기 훈련으로 정신 교육을 똑똑히 시켜야만 문제가 해결된다고 주장할 것이다. ***그러나 그 높으신 분을 벌컥 화내게 만든 문제는 그런 어마어마한 일을 벌이는 것이 아니라, 스스로 트립토판을 좀 더 먹어야 해결된다.***

사람 각자가 내리는 판단은 결국 기분과 오해와 부족한 경험과 넉넉하지 못한 상상력과 머릿속에서 일어나는 화학 반응의 정도 때문에 항상 이리저리 흔들릴 수밖에 없는 작은 뇌의 결과일 뿐이라는 과학을, 서로 간에 좀 더 받아들일 필요가 있다. 사람의 뇌는 그렇게 뛰어난 기관이 아니고, 상황에 따라 잘못 동작할 때가 많다. 그러니 그 기관에서 순간적으로 나온 결과에 너무 휘둘릴 것이 아니라, 조금 더 열심히 상대방의 상황과 주장을 고려하려고 애쓸 필요가 있지 않겠나?

오리고기 같은 음식에 트립토판이 풍부한 편이라고 한다. 그러고 보면 세상에는 자기만 옳고 상대방은 악랄한 놈들이기 때문에 엄청난 일을 저질러야 한다고 소리를 높이는 사람들이 적지 않다. 자기가 문제라고 믿는 일을 해결하기 위해 이상한 방법을 써야 한다고 믿는 일부 화난 높으신 분들 때문에 이런저런 골치 아픈 일들이 사회 곳곳에서 많이 벌어진다. 그런데 그 모든 문제라는 것들이 사실은 그 사람 뜻대로 사회를 대개조해야 해결되는 것이 아니라, 그냥 오리고기를 좀 더 많이 먹으면 해결되는 것일 수도 있지 않을까?

궁금함을 해소하는 데 도움이 될 수 있다

11

세상에서 가장 풀기 어려운 의문을 하나만 떠올린다고 해 보자. 나는 다음 질문이 그 좋은 후보가 될 수 있다고 생각한다. ***도대체 왜 이 세상이 있게 되었는가?***

이 질문은 정말 답하기 어려운 문제다. 도대체 왜 세상이 있는가? 왜 세상에 아무것도 없지가 않고 무엇인가가 있는가? 이것은 사람이 왜 태어났는가, 혹은 우리가 사는 땅이 왜 생겨났는가 하는 문제보다도 훨씬 더 깊고 어려운 문제다.

과학에서는 사람이 생겨난 이유를 이렇게 설명한다. 지구라는 행성에 간단한 생물들이 생겨났는데 그 생물들이 다양한 환경에서 진화를 거듭하다 보니 여러 특이한 생물들로 바뀌게 되었고 그런 중에 웃고 울고 슬퍼하고 기뻐할 줄 아는 생물이 나타난 것이 바로 사람이라는 것이다. 땅이 생겨난 이유에 대해서는 먼 옛날, 한때 빛났다가 꺼져 버린 여러 다른 별들의 잔해가 우주를 떠다니다가 지금 태양이 있는 곳 근처로 흘러들어 서로 뭉치는 바람에 지구라는 모양이 나타나게 되었다고 설명한다.

세상이 왜 있느냐, 하는 것은 그다음 다음 문제쯤에 해당한다. 아니, 다음 다음 다음 문제쯤이라고 할 수도 있겠다.

생명은 지구에서 태어났고, 지구는 다른 별들의 잔해 때문에 생겨났다면, 그 다른 별들은 도대체 왜 생겨났는가? ***과학에서는 더욱 먼 옛날에 우주에 퍼져 있던 수소 기체가 뭉쳐서 애초에 별들이 생겨났다는 것을 밝혀냈다.*** 그렇다면, 애초에 우주에 수소가 퍼져 있는 이유는 무엇인가? 우리가 알 수 있는 이 세상 최초의 순간이라고 하는 대폭발, 즉 빅뱅의 순간에 여러 가지 일이 벌어졌고 그 직후 여러 입자들의 반응으로 수소가 만들어졌다는 것이 지금까지 가장 설득력 있는 설명이다. 여기까지는 좋다. 그다음에 등장하는 문제가 정말로 어렵다.

우주가 최초에 생겨난 순간이라고 하는 그 대폭발은 도대체 왜 일어났는가? 좀 더 정확하게 풀어서 이야기하면, 대폭발을 일으키고 대폭발에 따라 여러 가지 입자들이 반응을 일으키는 그 규칙, 각종 과학 법칙이라고 하는 것들은 도대체 어떻게, 왜 생겨났을까? 그런 법칙의 바탕이 되는 최초의 근본 원리와 그 원리를 따르는 최초의 대상들은 도대체 무엇 때문에 어떻게 생겼을까? 여기에 대답하는 것은 정말 골치 아픈 문제다.

옛사람들은 이 문제를 너무 쉽게 생각했다. 1920년대 함경도 지역에 살던 무속인 김쌍돌이는 자신이 믿고 있던 바를 「창세가」라는 노래로 만들어 불렀다. 그 노래 가사는 20세기 초 한국 함경도 지방 무속의 한 모습을 보여 주는 중요한 자료로 취급된다. 이에 따르면 세상은 원래 하늘과 땅이 붙어 있는 혼란스러운 모습이었는데, 먼 옛날 미륵이라는 것이 나타나 하늘과 땅을 쪼개서 분리하면서 이 세상이 생겼다고 한다. 그리고 그 미륵이 세상 곳곳을 다듬고 고쳐서 지금과 같은 형상으로 만들었다고 한다. 요약하자면, 미륵이 있어서 세상을 이 모양으로 만들었다는 이야기다.

고대 그리스인들은 그들의 신화에서 원래는 모든 것이 혼돈일 뿐인 카오스가 있었고, 그 카오스 속에서 맨 먼저 가이아가 태어났다고 이야기했다. 가이아는 대지의 여신으로, 우리가 사는 지구를 의미한다. 그리고 가이아 여신이 자식을 낳고 자식이 또 자식을 낳고 그리고 그들이 혼란스럽고 잔인한 싸움을 거듭하는 가운데 세상 여러 문제를 다스리는 신들이 등장하여 우주가 지금과 같은 모양이 되었다고 설명한다. 요약하자면, 카오스 속에서 가이아가 태어났고 그 가이아의 자식들이 태어나 싸우는 과정에서 세상이 만들어졌다는 줄거리다.

그러나 이런 설명은 명쾌하지가 않다. ***이런 설명은 이어지는 바로 그다음 질문을 낳을 수밖에 없다.*** 만약 미륵이 하늘과 땅을 분리하면서 세상을 만들었다면, 애초에 하늘과 땅이 붙어 있는 그 이상한 상태는 왜 생겨났는가? 왜 아무것도 없고 아무 규칙도 없고 그 이후에 무엇인가가 생길 어떠한 가능성조차도 없는 그야말로 아무것도 없는 상태가 있지 않고 뭔가가 있었던 것인가? 미륵이 하늘과 땅을 쪼갰다면, 그 미륵은 도대체 왜 만들어진 것인가? 미륵의 모습은 왜 그렇게 생겼는가? 미륵이 세상을 만들었다면 미륵은 도대체 누가 만들었는가?

그리스 신화로 배경을 옮겨 본다면, 원래부터 있었다는 그 카오스라는 것은 애초에 왜 있었던 것인가? 그냥 저절로 생겼다고 하면서 어물쩍 넘어가지 말고 살펴보면, 도대체 가이아는 어떻게 카오스 속에서 생겨난 것인가? 그리고 가이아는 어떤 것이었기에 자식을 낳을 수 있는 힘을 갖고 있었는가? 도대체 왜, 어떻게 해서 그런 모습으로 나타나게 되었는가?

이런 의문은 오랫동안 사람들이 궁금해했지만 명확히 풀기 어려웠던 문제였다. 고려 시대의 작가 이규보는 「문조물」이라는 글에서, 이 세상을 처음 만든 장본인이라고 하는 조물주와 대화를 하게 된 사람이, 조물주에게 따져 묻는 장면을 묘사했다. 이 글에서 주인공은 조물주에게 도대체 왜 세상을 만들었으며 왜 이런 모습으로 만들었는지 묻는다. 그러자 조물주는 나도 내가 왜 생겨났는지 모르는데, 내가 생겨난 후에는 저절로 자연히 그렇게 만들게 된 것을 어떻게 또 설명하겠냐고 대답한다. 이 결말은 이런 질문에 대해 쉬운 답을 찾기란 너무나 어렵다는 점을 상징한다.

과학이 답이 될 수 있을까? 나는 현대 과학이 이런 질문에 답하기 위한 도구로 개발된 것은 아니라고 생각한다. 그래도 과학을 도구로 활용하면 이런 문제를 더 깊이 파헤쳐 볼 수는 있다. ***답이야 모르겠지만, 문제에 대해서는 더 많은 것을 알아낼 수 있다.***

예를 들어, 고대 그리스인들은 계절이 바뀌는 것은 태양 때문이고, 태양은 태양신 아폴론이 불덩어리 모양의 태양 마차를

하늘에서 날아다니게 하는 것이라고 생각했다. 이래서야 좋은 설명이 될 수 없다. 아폴론은 어떻게 생겨났으며, 아폴론은 왜 태양 마차를 만들어 나돌아 다니는지, 태양 마차는 무슨 힘으로 하늘로 날아올라 빠르게 움직일 수 있는지에 대해 전혀 알 수 없다.

현대 과학은 계절이 생기는 까닭을 달리 설명한다. 이에 따르면, 지구는 태양을 뱅글뱅글 돌고 있는데 도는 위치에 따라 지구가 받는 태양 빛의 각도가 조금씩 달라지기 때문에 계절이 바뀐다. 그리고 영국의 과학자 아이작 뉴턴은 중력의 원리를 적용해서 지구가 태양을 도는 시간과 위치를 계산해 냈다. 중력의 원리란 돌을 떨어뜨리면 아래로 내려오는 원리, 속도를 계산하거나 공중으로 던진 공이 날아가는 거리를 계산하는 데 쓰던 방법과 다를 바 없다. 이에 따르면 지구 정도의 무게를 가진 물체가 태양과 떨어진 거리에서 90도 각도를 이루면서 시속 10만 7,000km의 속도로 날아가고 있으면, 중력의 원리에 의해 지금 우리가 사는 지구와 같은 모양으로 1년에 한 바퀴씩 돌며 움직이게 된다.

즉 뉴턴은 지구가 태양을 도는 까닭을 돌을 떨어뜨리거나 공을 던질 때 적용되는 원리와 같은 원리로 설명했다. 고대 그리스 신화 속에서, 어떻게 그

런 힘을 갖게 되었는지 알 수도 없는 아폴론이, 어떻게 만들었는지 알 수도 없는 태양 마차를 왜 그렇게 움직이고 있는지 이해할 수 없는데도 하여튼 그렇다는 식으로 설명한 것과는 현격히 다르다. 과학은 중력의 원리라는, 우리 주변의 모든 물체에 다 적용되는 명쾌한 원리로 지구가 태양을 돈다는 현상을 설명한다. 중력의 원리는 단순하기도 하거니와 지구에서 모든 물체가 위에서 아래로 떨어지는 현상이 중력의 원리에 따라 일어나는 것이기 때문에 친숙하기도 하다. 말을 만들어 보자면, 지구가 태양을 도는 이유는, 손에 돌멩이를 들고 있다가 놓으면 위에서 아래로 떨어지는 것과 같은 현상이 온 세상에서 항상 벌어지고 있기 때문이다.

뉴턴의 과학은 그 중력이 왜 생기는가 하는 것까지는 설명해 주지 못한다. 하지만 이런 과학의 해답은 적어도 세상이 왜 지금과 같은 모습이 되었는지를 고민할 때, 아폴론이라는 신의 성격이나 취향이 아니라, 중력의 근원에 대해 고민할 필요가 있다는 방향을 알려 준다. 즉, 과학을 통해 문제의 깊이를 알아볼 수 있다. ***도대체 왜 세상에 무엇인가가 있느냐 하는 질문이 얼마나 어려운가 하는 것을 과학이 알려 줄 수 있다고 보아도 좋겠다.***

게다가 이 정도로 어려운 질문이 아니라면, 다양한 궁금증에 대해 과학은 훌륭한 대답을 줄 수 있다. 잘 이해할 수 없는 것이 생기면 그게 무엇인지 궁금해하고 그 뒤의 숨은 이유를 알고 싶어 하는 인간의 본능을, 과학은 그 무엇보다 후련하게 풀어 준다. 참새는 짹짹하고 노래하는데, 까치는 왜 깍깍하고 노래하는지, 왜 음식은 열을 많이 주면 까맣게 변하면서 타는데, 물은 오래 끓여도 타지 않는지, 비행기는 왜 공중에 뜨는지, 컴퓨터는 어떻게 그렇게 계산을 빨리할 수 있는지, 살면서 궁금해질 만한 많고 많은 문제에 대해 과학은 답을 알려 줄 수 있는 힘을 갖고 있다.

끝으로 한마디만 덧붙이고자 한다. 혹시 세상이란 것이 왜 있는가 하는 문제에 대해 명쾌한 답을 알아낸 독자가 계신다면 나도 잘 볼 수 있을 만한 곳에 올려 두시면 정말 감사하겠다.

직업을 구하기에 좋다

12

당연한 말이지만, 과학 기술에 대한 지식이 많다면 직업을 구하고 먹고살기에 유리하다. 이것은 너무나 심하게 당연한 이야기라서 굳이 길게 설명할 필요도 없어 보인다. 그렇지만 그런 만큼 아예 아무 이야기도 안 한다면 그것도 이상하니까 한 번 정도는 살펴보도록 하자.

우선 기술을 천시하는 풍조가 심했다고 하는 조선 시대부터 살펴보자. 조선 시대 사람들은 과학 기술에 관심이 부족했고 그래서 조선은 발전하는 데 한계가 있었으며, 그런 조선 시대식 사고방식이 현대 우리 사회에도 꽤 남아 있어 문제라고 지적하는 사람들을 가끔 볼 수 있다. 한때는 인기가 많았던 주장이었고, 그래서 조선은 기술을 천시하는 나라였다는 이야기가 기본 상식처럼 퍼진 적도 있었다. 나 역시 그런 주장들 중 일부는 맞는 것 같다고 생각할 때가 있다.

그런데 오늘 이야기해 볼 것은 심지어 그런 조선에서조차 과학 기술은 꽤 중요한 지식이었다는 점이다. 훌륭한 양반 가문의 자식으로 태어나거나 좋은 스승으로부터 배우지 못한 사람이 사회에서 성공할 수 있는 방법을 찾는다고 해 보자. 아마 나도 그렇고 이 책을 읽는 많은 독자들도 조선 시대에 태어났다면 대체로 양반 가문의 자식으로 태어난다거나 좋은 스승을 구하기는 어려운 평범한 사람일 가능성이 높다. 우리가 그런 사람들이었다면 그 당시에도 의학, 천문학, 수학을 익히는 것이 성공의 길을 걸어 볼 수 있는 괜찮은 방법이었다.

조선 시대에 이런 학문들은 현대의 과학과는 그 초점이 좀 다르기는 하다. 당시의 의학은 추상적인 철학을 중시하는 편이었고, 천문학이나 수학은 점을 잘 치는 방법과 연결되는 경우가 많았다. 그렇지만 기술을 천시했다고 알려진 그 시대에도 어쨌든 과학 기술은 무척 유용한 지식으로 통했다는 점이 핵심이다. 게다가 실학자라고 불리는 몇몇 조선 후기 학자들은 과학 기술에 유독 관심이 많았고, 유명한 황희나 조선 후기의 최석정 같은 인물은 정승이라는 가장 높은 벼슬을 지낸, 성공한 유학자였는데 동시에 수학에 특별히 뛰어난 것으로도 잘 알려져 있었다. 과학 기술을 중시하는 현대 대한민국에서조차 대통령이나 총리 같은 한 나라를 대표하는 인물 중에 수학에 뛰어난 인물이 누가 있는가와 비교해 본다면, ***조선 시대의 높은 벼슬아치들이 이렇게나 수학에 능했다는 점은 더욱 재미있다.***

장영실 같은 인물은 더욱 눈여겨볼 필요가 있다. 장영실은 조선 시대를 대표하는 과학 기술인이다. 보통 사람들에게 조선 시대 과학 기술인이 누가 있는지 떠올려 보라고 하면, 대부분 장영실을 가장 먼저 떠올릴 정도이다. 그런데 이 장영실은 원래 노비 출신이었는데 과학 기술 분야에서 쌓은 공적으로 노비 신분에서 벗어나 지위와 명성을 얻은 사람이다. 사람이 평등하지 않다고 생각했던 신분제 사회 조선에서 노비 출신으로 이 정도로 현대에까지 알려진 인물은 결코 많지 않다. 과학 기술의 힘은 굳건한 신분의 벽조차 초월한다는 느낌이다.

조금 다른 이야기인데, 나는 전국 곳곳에 세워진 장영실 동상의 모습을 앞으로는 바꾸어 놓을 필요가 있다고 생각한다. 전국에 있는 장영실 동상은 장영실이 벼슬살이에 성공해서 멋들어진 관복을 입고 있는 모습이다. 그러나 나는 장영실이 처음 일하기 시작했을 때, 노비였던 시절의 모습을 동상으로 만들어 세워 놓는 것도 의미가 크다고 생각한다. 그럼으로써 과학 기술로 가장 잘 알려진 조선 시대 위인이 사실은 노비 출신이었다는 사실을 보여 주고 사람들이 기억하게 할 필요가 있다고 생각한다. ***노비 모습의 장영실 동상을 위인의 모습으로 올려다보면서, 출신으로 사람을 차별하는 것이 얼마나 멍청한 짓인지, 과학과 자유와 평등이 같이 움직이는 것이 얼마나 중요한 일인지 같이 느낄 필요가 있다.***

현대에는 과학 기술에 대해 아는 것이 더욱더 중요해졌다. 과학 기술에 대한 좋은 아이디어로 창업에 성공해서 억만장자가 된 창업가들 이야기는 지겨울 정도로 많이 알려진 데다가, 과학 기술의 발전으로 병을 치료해서 새로운 생명을 얻은 사람들, 과학 기술 덕분에 더 편리하고 재미있게 살 수 있는 사례들도 얼마든지 주위에서 찾아볼 수 있다. 특히 한국은 전자, 화학, 자동차, 조선 같은 기술 중심의 산업이 나라의 경제를 지탱하는 나라다. 그렇기에 과학 기술의 중요성은 바로 와닿는다. ***과학 기술이 부족하면 어떻게 반도체를 만들어 팔 수 있을 것이며, 과학 기술이 없다면 어떻게 거대한 화학 공장을 설계하고 지을 수 있겠는가?***

과학 기술 분야를 전공해야 취직이 잘된다는 것 이상으로 이런 사실은 중요하다. 꼭 과학 기술을 연구하고 개발하는 것을 직업으로 삼지 않는다고 해도, 한국에서 어지간한 회사에서 직업을 갖고 일하다 보면 과학 기술 지식이 중요하다는 사실은 곧 깨달을 수 있다.

예를 들어, 나는 수학은 잘 못하지만 사람들과 사귀는 것은 좋아하니까 영업 담당 사원이 되었다고 치자. 한국의 많은 기업에서 영업 일을 한다는 것은, 그 기업에서 판매하는 제품이 기술적으로 얼마나 우수한지 설명하며 돌아다닌다는 뜻이다. 나는 베트남어를 잘하니까 베트남 사람들에게 물건을 파는 해외 영업 담당이 되었다고 해 보자. 이럴 때에도 베트남어로 해야 하는 업무란 우리 회사에서 개발한 기계는 스칸듐이라는 금속을 소량 섞은 합금 재질로 되어 있어서 훨씬 더 튼튼한데 얼마나 튼튼한가 하는 것을 이러저러한 실험을 한 결과로 증명할 수 있다고 이야기하는 일이다.

다 그런 식이다. 광고나 홍보 담당자가 된다고 해도 우리 회사가 무슨 기술을 갖고 있는지 잘 이해하고 있어야 그 내용을 어떻게 표현할지를 생각해 낼 수 있고, 고객 서비스 담당자가 된다고 하면 우리 회사 제품의 기술적인 특성을 고객들에게 이

해시키기 위해 과학 기술을 어느 정도 알아야 한다. 회사 전체를 운영하는 경영에 관심이 있다면 더욱더 기술에 대한 이해가 깊어야 한다.

꼭 첨단 기술 제품을 생산하는 회사에서 일하지 않는다고 해도 과학 기술 지식은 점점 더 중요해진다. 영화나 애니메이션을 만드는 일에 종사한다면 컴퓨터 그래픽 기술을 어떻게 사용하는지 이해하는 것은 굉장히 중요하다. 잘 알고 있을수록 앞으로 기술이 발전해 감에 따라 영화와 애니메이션을 만드는 일이 어떻게 바뀌어 갈지 예상하고 일을 더 잘해 낼 수 있다. 경찰이나 검사가 되어 범죄를 수사하는 일을 한다면 과학 수사에 대해 잘 이해해야만 하고, 금융 기관에서 일하고 싶다면 새롭게 등장하는 수많은 기술 기업들이 무슨 일을 하고 있으며 얼마나 가치 있는 일을 하는지 알기 위해 다양한 기술 분야를 이해해야 한다.

하다못해, 전통적으로 과학 기술과는 거리가 있었던 정통 인문학 분야인 문학, 역사학, 철학조차도 과학 기술과 갈수록 더 가까워지고 있다. 우선 철학은 고대 그리스 철학자들이 곧 과학자였으므로 과학과 거리가 멀지 않다. 특히 유럽에서 발전한 근대 과학은 고대 그리스 철학과 연결된다고 보는 것이 보통이므로 애초부터 과학과 철학

은 뿌리가 같다.

그나마 과학 기술의 발전 이전 시대를 다루는 역사학은 좀 상황이 다를까? 하기야, 역사학에서는 방정식을 푸는 재능보다는 한문으로 기록된 고전을 읽는 재능이 좀 더 중요하기는 하다.

그러나 역사학 분야에서도 과학 기술을 이용한 연구는 빠르게 발전하고 있다. 어느 무덤에서 발견된 청동 거울이 한반도에서 제조된 것인지, 중국에서 제조되어서 수입된 것이지를 알아내기 위해 그 청동 거울의 성분을 화학적으로 분석하는 연구 같은 것들은 이제 보편화되어 있다. 새로 발견된 책이나 글귀가 얼마나 오래된 것인지 측정하기 위해 '방사성 동위 원소 연대 분석법'이라는 화학, 물리학을 결합해 계산하는 방식은 수십 년 전부터 표준으로 자리 잡았다. 그림이나 유물을 적외선, 자외선, 엑스(X)선과 같은 특별한 광선으로 촬영하여, 눈으로 봐서는 알 수 없었던 특징을 분석하는 기술도 이미 활발히 활용되는 중이다. 예를 들어, 잘 알려진 유물인 신라의 천마도를 21세기에 적외선으로 정밀 촬영해 보았더니, 색이 바래서 눈으로는 잘 보이지 않던, 말 머리 부분에 그려진 뿔 모양이 보이더라 하는 이야기는 유명한 편이다.

요즘에는 인공 지능 기술을 이용해서 해석이 힘든 옛 문헌을 자동으로 번역한다든가, 눈으로 금방 알아볼 수 없는 옛 기록 속 자료들을 분류하고 분석하는 소프트웨어를 개발하는 일까지 이루어지고 있다. 다양한 옛 자료를 통계적으로 분석하고 그 과정에서 어떤 경향성을 발견해서 역사를 해석해 나가는 기법도 점점 더 수준이 높아지고 있다. 그러니 역사학 연구조차도 과학 기술에 익숙하면 익숙할수록 훨씬 더 유리해지는 시대다.

남은 것 하나는 문학이다. 문학은 그래도 과학 기술과 별 상관이 없지 않을까?

최근 한국 문학계에는 에스에프(SF) 바람이 불고 있다. 에스에프는 사이언스 픽션(Science Fiction), 과학 소설을 말한다. 나 혼자만 그런 생각을 하는 것도 아니다. 2020년 가을, 시사 주간지 『시사IN』의 임지영 기자는 "과학 소설 전성시대"라는 표현을 썼다. ***흥겨운 과학의 춤에 결국 한국 문학 판도 같이 들썩이고 있다는 뜻으로 봐도 되지 않을까?***

많은 곳을 여행할 기회를 얻기에 좋다

13

2020년대에 들어서면서 한국 노래가 세계에서 많은 인기를 끌고 있다는 사실이 여러 사람의 주목을 받았다. 2021년에는 한국 가수들이 대중음악 잡지 『롤링 스톤』의 표지에 실렸다는 사실이 큰 화제가 된 적도 있었다.

아무래도 한국 가수들이 부르는 노래는 한국어 가사에, 한국 사람들이 먹고살며 겪는 감상을 다루기 때문에 한국 사람들에게 더 인기 있기 쉽다. 다른 나라 사람들에게 인기를 얻는 것은 그보다 어렵기 마련이다. 그런데도 한국 노래가 이렇게 세계 여러 나라 사람들에게 인기를 얻다니, 신기한 일이다.

이런 특징은 영화나 문학 같은 분야에서도 비슷하게 드러난다. 한국 영화는 한국 사람들이 한국을 배경으로 한국말로 연기하는 이야기들이 많다. 아무래도 한국 관객들이 더 가깝게 느끼고 더 재미있게 즐기기 쉽다. 외국인들이 한국 영화를 재미있게 보는 것은 그보다는 조금 더 어렵다. 번역된 자막이 없다면 대부분 영화를 보려고 하지 않을 것이고, 심지어 그 자막을 읽는 것조차도 귀찮아하는 외국 관객들이 적지 않다.

그런데 과학은 좀 다르다. ***한국 가수가 『롤링 스톤』의 표지에 처음으로 등장한 2021년보다 수십 년 앞서서, 한국 과학자가 연구한 결과가 이미 외국의 최정상급 과학 학술지의 표지에 실렸다.*** 이런 일은 이제 비일비재하게 일어나고 있을 정도다. 그렇다고 해서 한국 과학자들이 이미 예전에, 현재 가장 인기 있는 한국 가수의 경지에 도달했다는 이야기는 아니다. 모르기는 해도, 지금 대중 음악계에 한국 가수들이 끼치는 영향력에 버금갈 정도로 독보적인 영향력을 가진 한국 과학자가 과거에 있었던 것 같지는 않다. 반대로 이것은 과학의 세계에서는 한국 과학자들이 한국에서 한 연구라고 해도, 훨씬 더 쉽게 해외에서도 알아준다는 의미로 보아야 할 것이다.

여기에는 당연한 이유가 있다. **과학 연구 결과 중에는 사람이 사용하는 언어나 국적과는 전혀 관계없는 것들이 굉장히 많기 때문이다.** 한국 과학자가 리튬이라는 물질의 성질에 대해 정확히 실험한 결과를 발표했다고 해 보자. 리튬은 리튬일 뿐이지, 한국 리튬과 중국 리튬, 미국 리튬이 서로 다른 것이 아니다. 한국 과학자가 리튬의 성질을 밝혀내면, 그것은 그냥 리튬의 성질이 밝혀진 것일 뿐이다. 한국적인 감성을 담아 리튬의 성질을 밝혀낸다거나, 'K 과학'으로 보는 특별한 느낌의 리튬 실험 결과가 나온 것이 아니다. 오히려 한국에서 리튬에 대해 실험한 결과와, 다른 나라에서 리튬에 대해 실험한 결과가 다르게 나온다면 그것이 과학에서는 문제가 된다.

그러므로 과학의 세계에는 다른 분야에 비해 국적을 훨씬 덜 따지는 경향이 있다. 물론 과학과 국적이 상관이 없다는 뜻은 아니다. 막상 실제로 과학 연구를 하다 보면, 어느 나라의 어떤 정부에서 연구비를 지원해 주느냐에 따라 인생이 달라지는 경우도 흔히 생긴다. 그러나 적어도 과학 연구의 내용과 결과를 따질 때에는 다른 분야에 비해 국적을 덜 의식하는 경향이 강하다. 이것은 어떻게 보면 당연하다.

지구 바깥 태양과 별의 모습과 성질, 세계 어디에나 있는 공기나 물의 특성과 그것을 어떻게 응용하는가에 관한 연구를 하면서 근대 과학은 발전해 왔다. 자연히, 과학의 업적은 누가 해내든 세계 공통, 인류의 업적으로 우선 받아들여진다.

이는 근대 과학이 발전하면서 자연스럽게 국제 교류가 활발히 이루어진 과거사와도 관련이 깊은 것 같다. ***과학 분야는 유독 적극적인 국제 교류의 전통 속에서 발전해 왔다.*** 과거 몇몇 위대한 과학자들은 현실 세계의 정치나 외교 문제를 잊고, 그저 궁금한 사실을 밝혀내겠다는 한 가지 목적에만 최대한 집중해서 연구하기도 했다. 그런 태도가 멋있다고 생각하는 문화도 있었던 것 같다. 실제로 19세기 말과 20세기 초 무렵 유럽 과학자들 사이에는, 발견한 결과를 서로 공유하고 모르는 것을 묻고 같이 토론해 가면서 연구할 때 국적이나 사상을 초월하게 된다는 점을 자랑스럽게 생각하는 흐름도 있었다. 물론 20세기를 지나 21세기로 흘러오면서, 현실은 꼭 그렇지만도 않다는 점을 다들 느끼게 되기는 했지만.

또 어느 분야의 과학을 연구하든지 간에, 과학 연구의 성과로 무엇인가를 발표하려면 세계에서 누구도 하지 않은 연구를 처음으로 해냈다는 점을 드러내 보이는 것이 중요하다는 특징도 있다. 만일 미국에서 누군가 바닷물에서 황금을 뽑아내는 기술을 개발했는데, 한국에서 똑같은 기술로 따라 했다고 해 보자. 바닷물에서 황금을 뽑아낸다니, 돈을 버는 기술로는 어마어마하게 중요한 일을 한국에서도 해낸 것이다. 그렇지만 과학 연구로서는 남이 한 연구를 따라 한 것일 뿐이니 의미가 달라진다. 그런 연구를 과학 연구의 결과로 이야기하고 싶다면, 하다못해 미국에서 해 본 것을 똑같이 따라 해 보는 과정에서 새로운 점을 작은 것이라도 뭔가 더 깨달았다는 내용이 있어야 한다. 그것도 안 된다면, 미국에서 발명한 기술을 한국에서 똑같이 따라 해 보니까, 얼마나 비슷하게 따라 할 수 있더라, 혹은 따라 하기가 쉽지 않더라 하는 식으로 그 기술을 검증하는 내용이라도 하나 새롭게 넣어야 한다.

그렇기 때문에 과학 연구에서는 아무리 사소한 연구 분야라고 하더라도, 전 세계 사람들이 어떤 일을 해 나가고 있는지 알고, 그 교류를 지속해 나갈 필요가 있다. 그래야 내가 하는 연구의 어떤 부분이 새로운지, 어떤 부분이 가치가 있는지 알면서 연구할 수 있기 때문이다.

그런저런 이유로 과학 분야는 유달리 세계적인 협력과 교류가 활발한 편이다. 과학 분야는 심지어 아주 작은 영역이라고 하더라도 그 분

야를 연구하는 세계 각국 사람들이 서로 모여서 의견을 주고받는 모임이 있고, 그 모임이 몇십 년째 꾸준히 운영되는 사례가 굉장히 많다.

예를 들어 나는 대학원 시절에 지도 교수님을 따라 독일에서 개최된 국제 학술 대회에 간 적이 있다. 그 학술 대회는 1920년대에 개발된 양자 이론이라는 이론을 응용해서 화학 물질에 대한 연구를 하는데 그 연구 방법으로 컴퓨터를 이용한 계산을 활용하는 사람들이 국제적으로 모여서 학술적인 논의를 벌이는 곳이었다. 전 세계에서 그런 연구를 하는 사람들 중에 학회에 올 수 있는 사람들이 다 모이니 200명쯤 되었던 것 같다. 그 정도면 제법 많은 사람이 활동하는 큰 국제 학회다. 더 작은 규모의 더 좁은 영역이라 할지라도 과학에는 국제 협력이 더 활발히 이루어지는 분야도 흔하다. 모르긴 해도, 특정한 종류의 하루살이에 관해 연구하는 사람들이 결성한 국제 학회 중에도 무척 활발히 활동하는 곳들이 있을 것이다.

그렇기 때문에 과학 연구를 열심히 하다 보면, 국제 협력 연구를 할 기회가 많이 생기고, 세계 각지에서 열리는 이런저런 회의나 모임에 참여할 일도 많이 생긴다. 만약 세계 곳곳을 돌아다니는 것이 재미있는 일이라고 생각하는 사람이라면, 과학 연구는 직업으로 택하기에 제법 괜찮은 일이다. 나는 대학 친구인 조 박사가 북아프리카 모로코의 마라케시라는 도시에서 열린 수학 분야 학술회의에 참석했을 때 겪었던 재미있는 사연과, 직장 동료였던 이 연구원이 브라질에 가서 겪었던 이상한 이야기를 알고 있는데, 그런 일을 겪어 보는 데 과학은 도움이 된다. **아예 다른 나라에 가서 살고 싶다는 생각을 품을 때에도, 국적을 덜 따지는 과학 연구를 직업으로 갖고 있으면 유리할 때가 많다.**

한편 이런 사연 때문에, 당연히 과학 연구를 활발히 하기 위해서는 외국어에 익숙한 것이 좋다. 과학 분야에서는 영어로 된 자료들이 차지하는 양이 무척 많은 편이고, 대부분의 학술회의도 영어로 진행되기 때문에, 영어를 잘하면 여러모로 유리하다. 따지고 보면 우스꽝스러운 일이지만, 그냥 영어를 잘하기 때문에 국제 협력 일을 잘한다는 평가를 받게 되고, 그러다 제법 일을 잘하는 사람이라는 느낌을 주게 되는 엉뚱한 일도 알게 모르게 일어난다.

끝으로 덧붙이자면, 만약 비행기 푯값과 비행기 연료를 막대하게 소모해 가면서 국제 협력 사업에 참여하게 된다면, 정말로 그만한 보람이 있도록 적극적으로 회의에 참석하고 묻고 토론

하며 일하도록 하자.

아직도 해외에서 열리는 행사라고 하면, 적당히 해외여행이나 하면서 느긋하게 놀고 오는 일 정도로 생각하는 사람들이 있고, 그래서 그저 높으신 분들 잘 놀고 오시라는 식으로 일이 돌아가는 경우가 있다. 무척 안타깝고 답답한 상황이다. 그런 사례가 많으면 많을수록, 낯선 먼 나라까지 힘들게 가서 어떻게든 뭘 해 보려고 정말 애쓴 사람의 노력은 무시되기 쉽다. 말도 안 통하는 나라에 가서 바쁜 일정에 애쓰며 출장 다녀온 사람을 두고도 해외에서 놀다 왔다는 식으로 취급하게 된다. 국제 협력은 높으신 분이 바람 쐬고 오는 것이 아니라, 정말로 외국에서 열심히 일할 수 있는 사람을 보내서 일이 잘 돌아갈 수 있도록 해야 한다.